#홈스쿨링
#교과서_완벽반영

**우등생
수학**

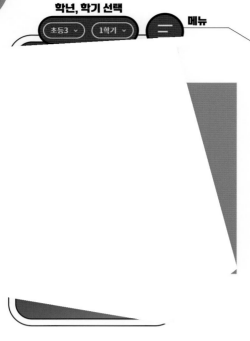

학년, 학기 선택

초등3 ∨ 1학기 ∨ ≡ 메뉴

수학

스케줄표

온라인 학습

개념강의
문제풀이

단원 성취도 평가

학습자료실

학습 만화
유사문제 생성기
학습 게임
서술형+수행평가
정답

Chunjae
Makes
Chunjae

▼

[우등생] 초등 수학 1-2

기획총괄	김안나
편집/개발	김현주, 박아연
디자인총괄	김희정
표지디자인	윤순미, 여화경
내지디자인	박희춘
제작	황성진, 조규영

발행일	2024년 3월 15일 개정초판 2024년 3월 15일 1쇄
발행인	(주)천재교육
주소	서울시 금천구 가산로9길 54
신고번호	제2001-000018호
고객센터	1577-0902

어떤 교과서를 쓰더라도 언제나 **우등생**

33회

스케줄표 1·2

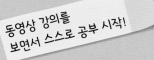
동영상 강의를 보면서 스스로 공부 시작!

1 **100까지의 수**
6~15쪽
날짜: **1**회
1단계 + 2단계 ▶

 동영상 강의
홈스쿨링
 오답노트

오답노트 앱에서
표지 QR을 찍어
교재를 등록하세요!
*안드로이드만 가능

3 **모양과 시각**
76~77쪽   **15**회
날짜:
3단계 ▶

3 **모양과 시각**
70~75쪽   **14**회
날짜:
1단계 + 2단계 ▶

3 **모양과 시각**
66~69쪽   **13**회
날짜:
1단계 + 2단계 ▶

3 **모양과 시각**
56~65쪽   **12**회
날짜:
1단계 + 2단계 ▶

2단원 완료
오답노트
오답노트 앱을 이용하여
틀린 문제를 복습해 보자!

3 **모양과 시각**
78~81쪽   **16**회
날짜:
단원평가

3 **모양과 시각**
82~83쪽   **17**회
날짜:
창의융합 ▶

3단원 완료
오답노트
오답노트 앱을 이용하여
틀린 문제를 복습해 보자!

4 **덧셈과 뺄셈 (2)**
84~91쪽   **18**회
날짜:
1단계 ▶

4 **덧셈과 뺄셈 (2)**
92~97쪽   **19**회
날짜:
1단계 + 2단계 ▶

4 **덧셈과 뺄셈 (2)**
98~103쪽   **20**회
날짜:
1단계 + 2단계 ▶

본책은 모두 풀었어. 짝짝짝!
평가 자료집은 학교에서
시험을 치르기 전에 풀어 보자.

6단원 완료
오답노트
오답노트 앱을 이용하여
틀린 문제를 복습해 보자!

6 **덧셈과 뺄셈 (3)**
158~159쪽   **33**회
날짜:
창의융합 ▶

6 **덧셈과 뺄셈 (3)**
154~157쪽   **32**회
날짜:
단원평가

6 **덧셈과 뺄셈 (3)**
152~153쪽   **31**회
날짜:
3단계 ▶

6 **덧셈과 뺄셈**
146~151쪽
날짜:
1단계 + 2단계

어떤 교과서를 쓰더라도 ALWAYS **우등생**

수학 1·2

홈스쿨링

오답노트
*안드로이드만 가능

동영상 강의

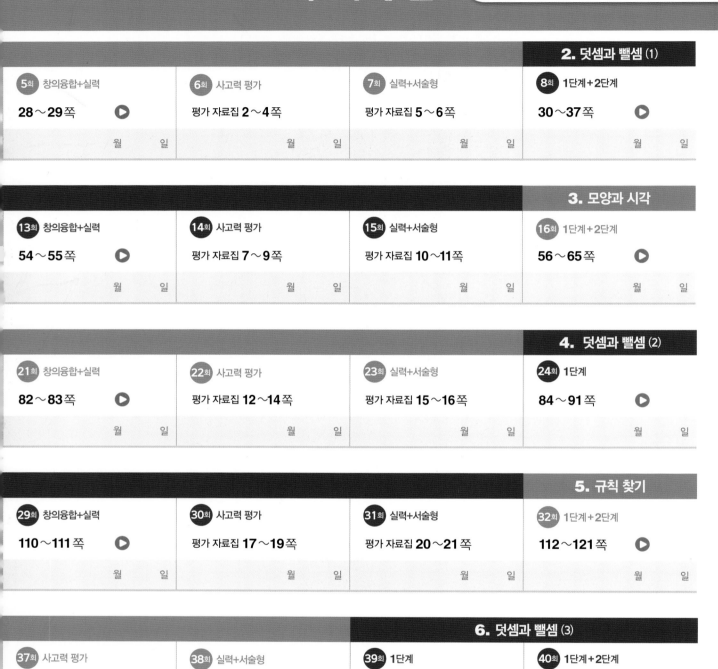

45회 홈스쿨링 스케줄표

본책과 평가 자료집을 45회로 나누어 공부하는 스케줄입니다.

1. 100까지의 수

1회 1단계+2단계	**2회** 1단계+2단계	**3회** 3단계	**4회** 단원평가
6~15쪽 ▶	16~21쪽 ▶	22~23쪽 ▶	24~27쪽
월 일	월 일	월 일	월 일

2. 덧셈과 뺄셈 (1)

9회 1단계+2단계	**10회** 1단계+2단계	**11회** 3단계	**12회** 단원평가
38~43쪽 ▶	44~47쪽 ▶	48~49쪽 ▶	50~53쪽
월 일	월 일	월 일	월 일

3. 모양과 시각

17회 1단계+2단계	**18회** 1단계+2단계	**19회** 3단계	**20회** 단원평가
66~69쪽 ▶	70~75쪽 ▶	76~77쪽 ▶	78~81쪽
월 일	월 일	월 일	월 일

4. 덧셈과 뺄셈 (2)

25회 1단계+2단계	**26회** 1단계+2단계	**27회** 3단계	**28회** 단원평가
92~97쪽 ▶	98~103쪽 ▶	104~105쪽 ▶	106~109쪽
월 일	월 일	월 일	월 일

5. 규칙 찾기

33회 1단계+2단계	**34회** 3단계	**35회** 단원평가	**36회** 창의융합+실력
122~127쪽 ▶	128~129쪽 ▶	130~133쪽 ▶	134~135쪽 ▶
월 일	월 일	월 일	월 일

6. 덧셈과 뺄셈 (3)

41회 3단계	**42회** 단원평가	**43회** 창의융합+실력	**44회** 사고력 평가
152~153쪽 ▶	154~157쪽	158~159쪽 ▶	평가 자료집 27~29쪽
월 일	월 일	월 일	월 일

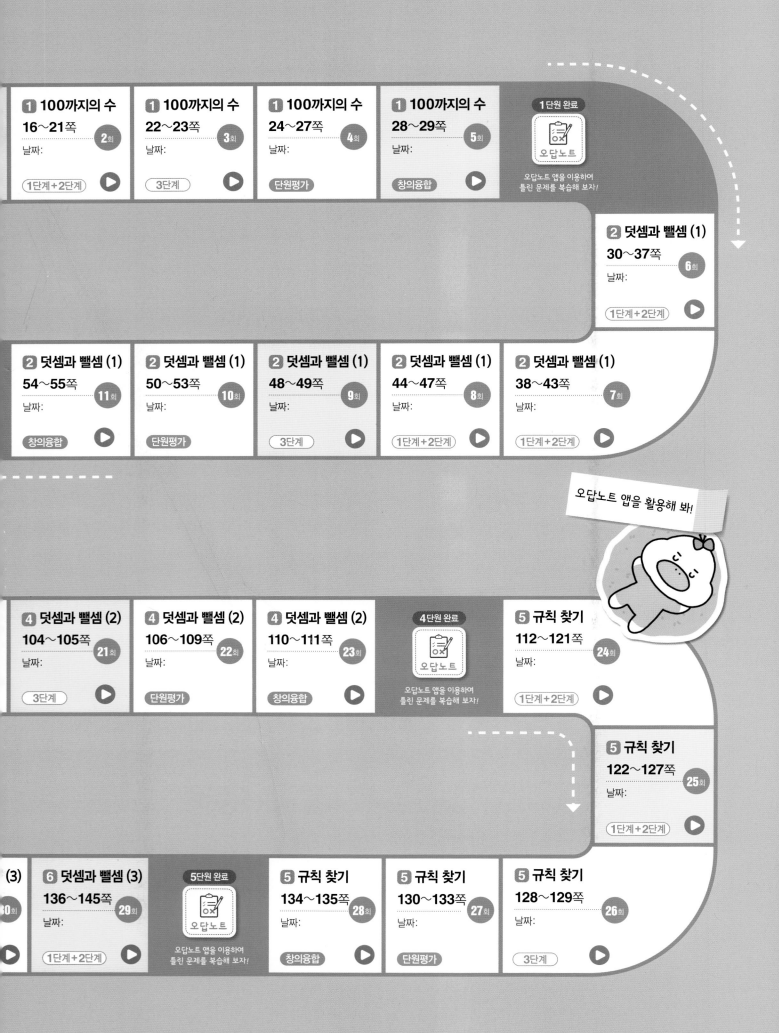

1 100까지의 수
16~21쪽
2회
날짜:
1단계+2단계 ▶

1 100까지의 수
22~23쪽
3회
날짜:
3단계 ▶

1 100까지의 수
24~27쪽
4회
날짜:
단원평가 ▶

1 100까지의 수
28~29쪽
5회
날짜:
창의융합 ▶

1단원 완료
오답노트
오답노트 앱을 이용하여
틀린 문제를 복습해 보자!

2 덧셈과 뺄셈 (1)
30~37쪽
6회
날짜:
1단계+2단계 ▶

2 덧셈과 뺄셈 (1)
54~55쪽
11회
날짜:
창의융합 ▶

2 덧셈과 뺄셈 (1)
50~53쪽
10회
날짜:
단원평가 ▶

2 덧셈과 뺄셈 (1)
48~49쪽
9회
날짜:
3단계 ▶

2 덧셈과 뺄셈 (1)
44~47쪽
8회
날짜:
1단계+2단계 ▶

2 덧셈과 뺄셈 (1)
38~43쪽
7회
날짜:
1단계+2단계 ▶

오답노트 앱을 활용해 봐!

4 덧셈과 뺄셈 (2)
104~105쪽
21회
날짜:
3단계 ▶

4 덧셈과 뺄셈 (2)
106~109쪽
22회
날짜:
단원평가 ▶

4 덧셈과 뺄셈 (2)
110~111쪽
23회
날짜:
창의융합 ▶

4단원 완료
오답노트
오답노트 앱을 이용하여
틀린 문제를 복습해 보자!

5 규칙 찾기
112~121쪽
24회
날짜:
1단계+2단계 ▶

5 규칙 찾기
122~127쪽
25회
날짜:
1단계+2단계 ▶

(3)
30회

6 덧셈과 뺄셈 (3)
136~145쪽
29회
날짜:
1단계+2단계 ▶

5단원 완료
오답노트
오답노트 앱을 이용하여
틀린 문제를 복습해 보자!

5 규칙 찾기
134~135쪽
28회
날짜:
창의융합 ▶

5 규칙 찾기
130~133쪽
27회
날짜:
단원평가 ▶

5 규칙 찾기
128~129쪽
26회
날짜:
3단계 ▶

우등생 해법수학 1-2 붙임 딱지 ❶

1단원 28~29쪽

▶ 1번

 32 33 34 35 36 37 38 39 40

▶ 3번

 행운로 62 행운로 63 행운로 64 행운로 65 행운로 66 행운로 67 행운로 68 행운로 69 행운로 70

▶ 4번

 민수　 민수　 동생　 동생　엄마　엄마

 최고예요  참 잘했어요 대단해요

2단원 54~55쪽

▶ 1~3번

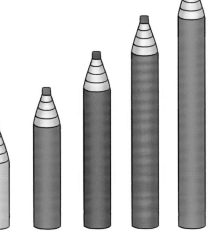

▶ 5번

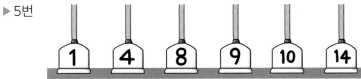

1 4 8 9 10 14

▶ 6번

 참 잘했어요

3단원 82~83쪽

▶ 1번

▶ 2번

 일방통행　 주차금지　 천천히 SLOW　 비보호　　 걸을때는 안전하게

 주정차금지　 주차　 위험 DANGER　 30　　 주차 P

▶ 3번

8:30

5:00

▶ 4번

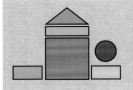  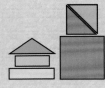 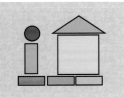

 잘하고 있어요

자르는 선

우등생 해법수학 1-2 붙임딱지 ❷

4단원 110~111쪽

▶ 1번

▶ 2번

▶ 3번

5단원 134~135쪽

자르는 선

▶ 1번

▶ 2번

▶ 3번

6단원 158~159쪽

▶ 1번

▶ 3번

▶ 4번

우등생 해법수학 1-2 붙임딱지 ❸

여러 가지 모양

규칙 만들기

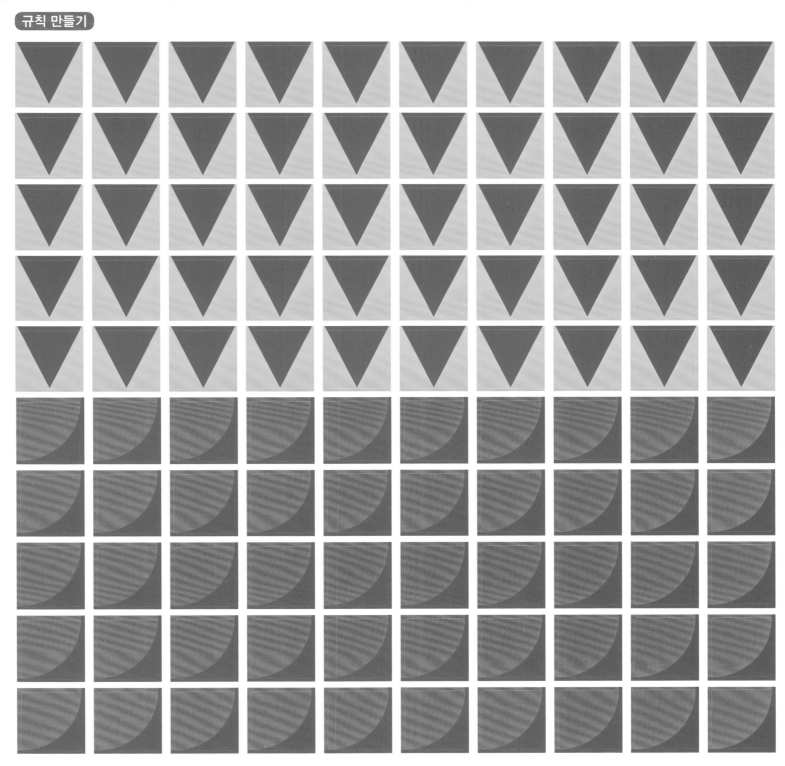

자르는 선

우등생

수학 | 1-2

구성과 특징

1단계 교과서 개념

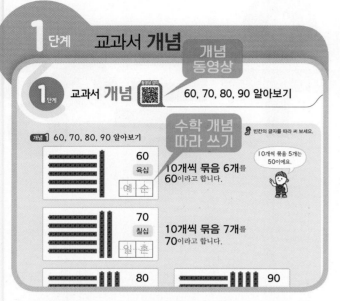

1단계 교과서 개념   개념 동영상   60, 70, 80, 90 알아보기

개념 1 60, 70, 80, 90 알아보기   빈칸의 글자를 따라 써 보세요.

수학 개념 따라 쓰기

10개씩 묶음 5개는 50이에요.

60 육십   예 순
10개씩 묶음 6개를 60이라고 합니다.

70 칠십   일 흔
10개씩 묶음 7개를 70이라고 합니다.

80   90

동영상과 따라 쓰기로 개념을 더 확실하게 익히기

2단계 교과서+익힘책 유형 연습

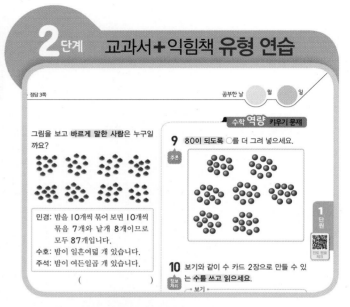

정답 3쪽   공부한 날   월   일

그림을 보고 **바르게** 말한 사람은 누구일까요?

민경: 밤을 10개씩 묶어 보면 10개씩 묶음 7개와 낱개 8개이므로 모두 87개입니다.
수호: 밤이 일흔여덟 개 있습니다.
주석: 밤이 여든일곱 개 있습니다.

( )

수학 역량 키우기 문제

9 80이 되도록 ◯를 더 그려 넣으세요.

1단원

10 보기와 같이 수 카드 2장으로 만들 수 있는 수를 쓰고 읽으세요.
→ 보기

수학 익힘책에 나오는 다양한 교과 역량 문제

3단계 서술형 문제 해결

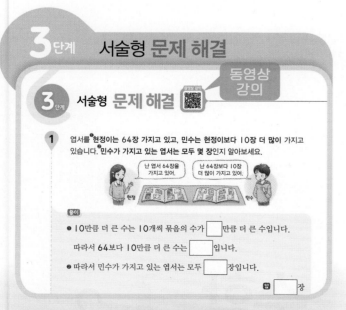

3단계 서술형 문제 해결   동영상 강의

1 엽서를 현정이는 64장 가지고 있고, 민수는 현정보다 10장 더 많이 가지고 있습니다. 민수가 가지고 있는 엽서는 모두 몇 장인지 알아보세요.

난 엽서 64장을 가지고 있어.   난 64장보다 10장 더 많이 가지고 있어.

현정   민수

풀이

• 10만큼 더 큰 수는 10개씩 묶음의 수가 ☐만큼 더 큰 수입니다.

따라서 64보다 10만큼 더 큰 수는 ☐입니다.

• 따라서 민수가 가지고 있는 엽서는 모두 ☐장입니다.

답 ☐장

서술형 문제를 단계별 풀이로 해결

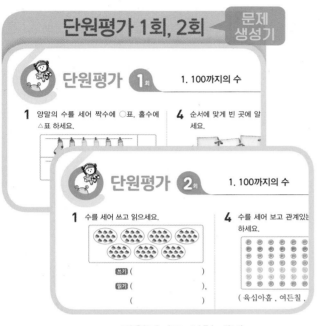

단원평가 1회, 2회 문제 생성기

단원평가로 시험 대비

창의융합 + 실력UP

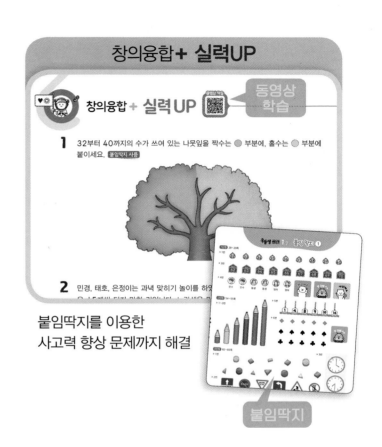

붙임딱지를 이용한
사고력 향상 문제까지 해결

붙임딱지

평가 자료집

실력 서술형 문제까지 풀어 보면서 각종 평가를 대비합니다.

🌱 사고력 평가

🌱 실력 + 서술형 문제

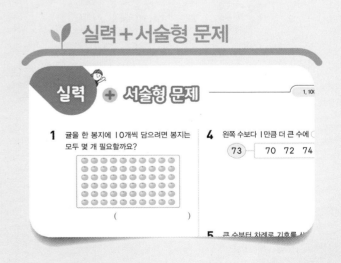

차례

우등생 수학

동영상 강의!

개념 강의와 **풀이 강의!**
동영상 강의 QR코드를
스캔하면 우등생 홈스쿨링
사이트에서 영상을
볼 수 있어.

스케줄 관리!

진도 완료 체크 QR코드를
스캔하면 우등생 홈스쿨링
사이트의 스케줄표로
슝~ 갈 수 있어.

1 단원

진도 완료 체크

틀린 문제 저장! 출력!

오답노트에 어떤 문제를 틀렸는지 표시해.
나중에 틀린 문제만 모아서 다시 풀 수 있어.

1. 오답노트 앱을 설치 후 로그인
2. **책 표지의 홈스쿨링 QR코드를
   스캔**하여 내 교재를 등록
3. 문항 번호를 선택하여 오답노트 만들기

날짜별 또는
단원별 보기

문항번호 선택

틀린 문제는
모르는 채 넘어
가지 말자구!

인쇄 가능

문제 생성기로 반복 학습!

문제 생성기를 이용하면
단원평가 문제를
더 풀어 볼 수 있어.

성취도 평가

1~3단원 1회, 3~5단원 1회

홈페이지에 답을 입력

자동 채점

취약점 분석

취약점을 보완할 처방 문제 풀기

확인평가로 다시 한 번 평가

1 100까지의 수

우리 둘이 짝이야.

2는 짝수

1은 홀수

1 모두 몇인지 수로 나타내세요.

(1)
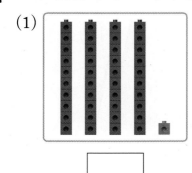

(2)
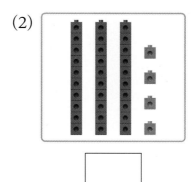

2 순서대로 수를 써넣으세요.

23 24   26 27   30

3 알맞은 말을 써넣으세요.

열   스물   마흔

지구로 떨어진 외계인

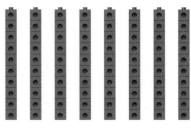

10개씩 묶음 8개

⇨ 팔십, 여든

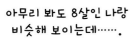

개념 1 60, 70, 80, 90 알아보기

🐟 빈칸의 글자를 따라 써 보세요.

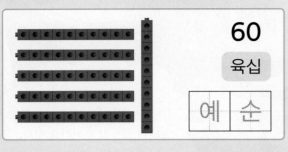

10개씩 묶음 6개를 60이라고 합니다.

> 10개씩 묶음 5개는 50이에요.

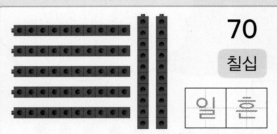

10개씩 묶음 7개를 70이라고 합니다.

10개씩 묶음 8개 ⇨ **80**

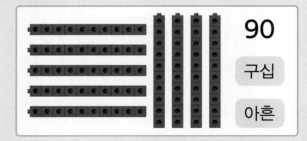

10개씩 묶음 9개 ⇨ **90**

개념확인 **1** ☐ 안에 알맞은 수를 써넣으세요.

(1)

10개씩 묶음 7개 ⇨ ☐

(2)

10개씩 묶음 8개 ⇨ ☐

2 □ 안에 알맞은 수를 써넣으세요.

복숭아는 10개씩 묶음 ☐ 개이므로 ☐ 개입니다.

3 수를 세어 쓰고 읽으세요.

(1)
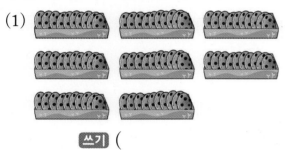

쓰기 (   )

읽기 (   ),

(   )

(2)

쓰기 (   )

읽기 (   ),

(   )

4 알맞게 이으세요.

| 70 | 90 | 60 | 80 |

· · · ·

· · · ·

| 육십 | 팔십 | 구십 | 칠십 |

· · · ·

· · · ·

| 여든 | 일흔 | 예순 | 아흔 |

개념 1 99까지의 수 세기

10개씩 묶음 7개	낱개 4개

74

칠	십	사
일	흔	넷

10개씩 묶음 7개와 **낱개 4개**를 **74**라고 합니다.

개념 2 10개씩 묶어 세기

10개씩 묶음	낱개
5	13

⬇ 낱개를 10개씩 묶습니다.

10개씩 묶음	낱개
6	3

10개씩 묶음 6개와 **낱개 3개**이므로 **63**입니다.

개념확인 1 10개씩 묶음과 낱개의 수를 쓰고 □ 안에 알맞은 수를 써넣으세요.

(1)

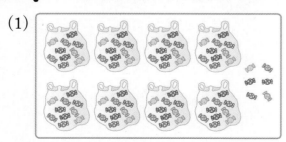

10개씩 묶음	낱개

⇨ ☐

(2)

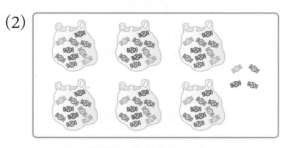

10개씩 묶음	낱개

⇨ ☐

2 □ 안에 알맞은 수를 써넣으세요.

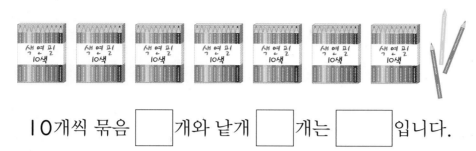

10개씩 묶음 □ 개와 낱개 □ 개는 □ 입니다.

3 달걀의 수를 세어 쓰세요.

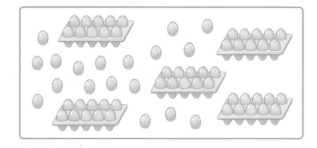

(   )

4 10개씩 묶고, 수를 쓰고 읽으세요.

(1)   (2)

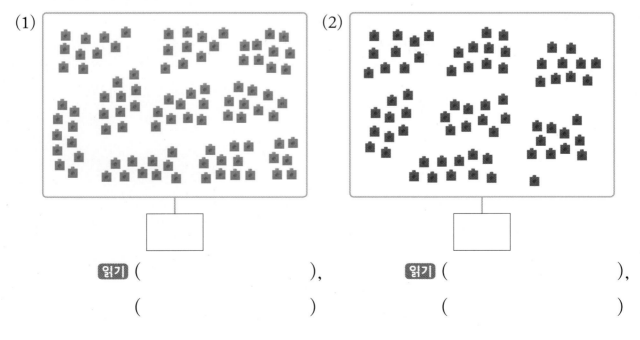

읽기 (   ),   읽기 (   ),

(   )   (   )

1 10개씩 묶고 ☐ 안에 알맞은 수를 써넣으세요.

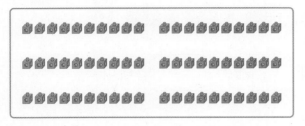

10개씩 묶음 ☐ 개는 ☐ 입니다.

2 ☐ 안에 알맞은 수를 써넣으세요.

(1) 10개씩 묶음 5개와 낱개 9개

 ⇨ ☐

(2) 10개씩 묶음 7개와 낱개 6개

⇨ ☐

중요
3 **수를 세어** 빈 곳에 알맞은 수를 써넣고 읽으세요.

10개씩 묶음	낱개

⇨ ☐

읽기 ( ),

( )

중요
4 바둑돌은 **모두 몇** 개일까요?

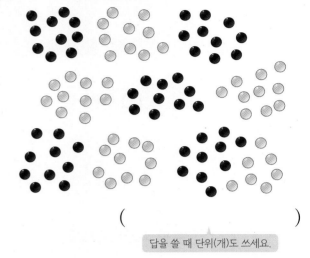

( )

답을 쓸 때 단위(개)도 쓰세요.

5 알맞게 이으세요.

93 ·   · 일흔둘

72 ·   · 예순넷

64 ·   · 아흔셋

6 그림을 보고 이야기를 만들려고 합니다. **알맞은 것**에 ◯표 하세요.

극장 안에 의자가 모두 (여든 , 아흔) 개 있습니다.

7 그림을 보고 **바르게 말한 사람**은 누구일까요?

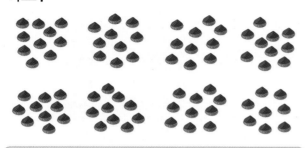

> 민경: 밤을 10개씩 묶어 보면 10개씩 묶음 7개와 낱개 8개이므로 모두 87개입니다.
> 수호: 밤이 일흔여덟 개 있습니다.
> 주석: 밤이 여든일곱 개 있습니다.

(   )

8 빵이 **한 상자에 10개씩 6상자와 낱개 20개**가 있습니다. 한 상자에 10개씩 모두 담으면 **빵은 모두 몇 상자**가 될까요?

> 한 상자에 10개씩 넣어 줄 테니 친구들과 나누어 먹으렴.

(   )

수학 역량 키우기 문제

9 **80이 되도록** ◯를 더 그려 넣으세요.

[추론]

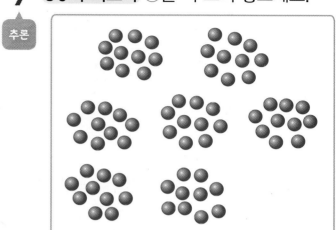

1 단원

진도 완료 체크

10 보기와 같이 수 카드 2장으로 만들 수 있는 **수를 쓰고 읽으세요.**

[정보 처리]

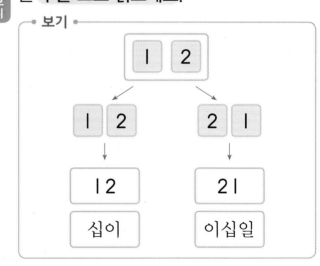

보기

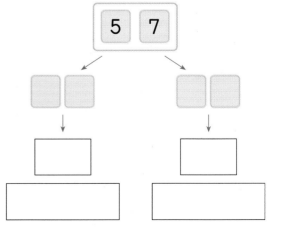

개념1 수의 순서 알아보기

56보다 1만큼 더 작은 수   60보다 1만큼 더 작은 수

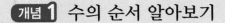

55   56   57   58   59   60   61

56보다 1만큼 더 큰 수   60보다 1만큼 더 큰 수

수를 순서대로 쓸 때 **1만큼 더 큰 수는 바로 뒤의 수**이고
1만큼 더 작은 수는 바로 앞의 수입니다.

개념2 100 알아보기

99보다 1만큼 더 큰 수

⇨ 100 읽기 백

개념확인 **1** 다음 수를 읽으세요.

100

(   )

개념확인 **2** 빠져 있는 책의 번호를 알아보려고 합니다. 빈 곳에 알맞은 수를 써넣으세요.

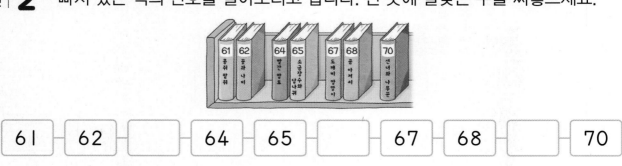

61 ─ 62 ─ ⬜ ─ 64 ─ 65 ─ ⬜ ─ 67 ─ 68 ─ ⬜ ─ 70

3 빈 곳에 알맞은 수를 써넣으세요.

| 93 | | | 96 | 97 | | 99 | |

⇨ 99보다 1만큼 더 큰 수는 [   ] 입니다.

4 빈 곳에 알맞은 수를 써넣으세요.

(1)
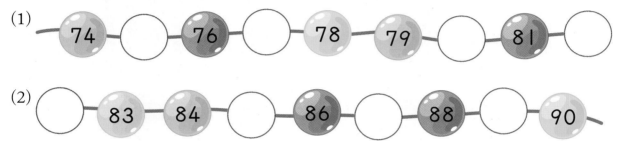

74 [ ] 76 [ ] 78 79 [ ] 81 [ ]

(2)

[ ] 83 84 [ ] 86 [ ] 88 [ ] 90

5 관계있는 것끼리 이으세요.

87보다 1만큼 더 큰 수   90보다 1만큼 더 작은 수

·   ·

·   ·   ·

89   88   84

6 빈 곳에 알맞은 수를 써넣으세요.

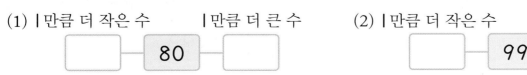

(1) 1만큼 더 작은 수   1만큼 더 큰 수

[ ]   80   [ ]

(2) 1만큼 더 작은 수   1만큼 더 큰 수

[ ]   99   [ ]

개념 1 수의 크기 비교하기

① **10개씩 묶음의 수**를 먼저 비교합니다. → 10개씩 묶음의 수가 클수록 큰 수입니다. ⇨ ② 10개씩 묶음의 수가 같을 때에는 **낱개의 수**를 비교합니다.

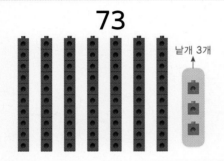

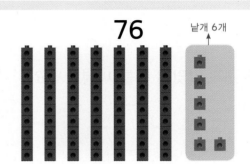

• 73은 76보다 작습니다.　　⇨ 73 < 76

• 76은 73보다 | 큽 | 니 | 다 |.　⇨ 76 > 73

개념 2 짝수와 홀수 알아보기

✂✂ ⇨ 4
둘씩 짝을 지을 수 **있는** 수
⇨ **짝수**

✂✂✂ ⇨ 5
둘씩 짝을 지을 수 **없는** 수
⇨ **홀수**

개념확인 1 그림을 보고 55와 62의 크기를 비교하세요.

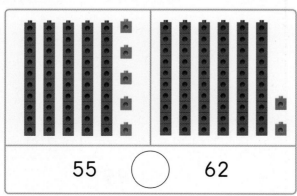

(1) 55는 62보다 (큽니다 , 작습니다).
　⇨ 55 ◯ 62

(2) 62는 55보다 (큽니다 , 작습니다).
　⇨ 62 ◯ 55

2 둘씩 짝을 지어 보고 짝을 지을 수 있으면 ◯표, 짝을 지을 수 없으면 ×표 하세요.

(1)

( )

(2)

( )

3 □ 안에 토끼의 수를 써넣고 짝수인지 홀수인지 알아보세요.

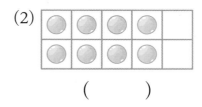

(짝수 , 홀수)

4 수를 세어 쓰고 더 큰 수에 ◯표 하세요.

5 두 수의 크기를 비교하여 ◯ 안에 >, <를 알맞게 써넣으세요.

(1) 84 ◯ 67

(2) 56 ◯ 58

1 개수가 **짝수인지 홀수인지** 쓰세요.

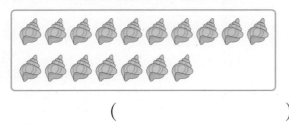

(   )

2 **짝수**를 따라가 이으세요.

3 빈 곳에 알맞은 수를 써넣으세요.

(1) | 90 | 89 | | 87 | |

(2) | 96 | | 98 | | |

4 두 수의 **크기를 비교**하여 ○ 안에 >, < 를 알맞게 써넣으세요.

(1) 63 ◯ 76

(2) 87 ◯ 84

5 **68보다 큰 수**를 모두 찾아 쓰세요.

| 73   60   59   87 |

(   )

> 답이 될 수 있는 수를
> 모두 찾아 쓰세요.

중요
6 **홀수**를 모두 찾아 쓰세요.

| 15   14   13   18   19 |

(   )

7 **100이 아닌 수**를 찾아 기호를 쓰세요.

㉠ 90보다 10만큼 더 작은 수
㉡ 10개씩 묶음이 10개인 수
㉢ 99보다 1만큼 더 큰 수

(   )

중요

8 가장 큰 수에 ○표 하세요.

| 58 | 80 | 69 |

9 □ 안에 **알맞은 수**를 써넣으세요.

| 56 | 65 | 87 | 54 |

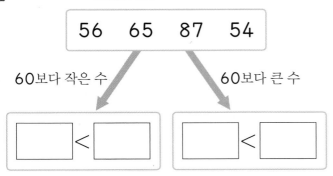

60보다 작은 수   60보다 큰 수

□ < □   □ < □

10 농장에서 자두를 혜연이는 85개, 민규는 92개 땄습니다. 성진이는 혜연이보다 1개 더 많이 땄습니다. 자두를 **많이 딴 순서대로** 이름을 쓰세요.

혜연   민규   성진

(   )

세 사람의 이름을 모두 쓰세요.

수학 역량 키우기 문제

11 가게 안내도에 가게들이 **번호 순서대로** 있습니다. 안내도에서 아래 가게들의 위치를 찾아 번호를 알맞게 써넣으세요.

추론

| 84번 | 91번 | 88번 |

86   90

85

92

가게 안내도

12 **작은 수부터** 수를 놓으려고 합니다. 72는 어디에 놓아야 할까요?

문제 해결

| 77 | 63 | 76 | 51 |

□ 과 □ 사이

13 하진이네 반에 친구 1명이 전학을 왔습니다. 다음을 읽고 **짝수인지 홀수인지** ○표 하세요.

추론

하진

우리 반 전체가 11명이어서 나만 짝이 없었는데 이제 짝이 생겼네.

(1) 친구가 전학을 오기 전, 하진이네 반 학생 수는 (짝수 , 홀수)입니다.

(2) 친구가 전학을 온 후, 하진이네 반 학생 수는 (짝수 , 홀수)입니다.

1 엽서를 현정이는 64장 가지고 있고, 민수는 현정이보다 10장 더 많이 가지고 있습니다. 민수가 가지고 있는 엽서는 모두 몇 장인지 알아보세요.

난 엽서 64장을 가지고 있어.

난 64장보다 10장 더 많이 가지고 있어.

현정

민수

풀이

❶ 10만큼 더 큰 수는 10개씩 묶음의 수가 [ ] 만큼 더 큰 수입니다.

따라서 64보다 10만큼 더 큰 수는 [ ] 입니다.

❷ 따라서 민수가 가지고 있는 엽서는 모두 [ ] 장입니다.

답 [ ] 장

2 ❶ 10보다 크고 20보다 작은 수 중에서 ❷ 짝수는 ❸ 모두 몇 개인지 알아보세요.

풀이

❶ 10보다 크고 20보다 작은 수를 모두 쓰세요.

11							

❷ 위의 10보다 크고 20보다 작은 수 중에서 짝수에 모두 ○표 하세요.

❸ 따라서 10보다 크고 20보다 작은 수 중에서 짝수는 모두 [ ] 개입니다.

답 [ ] 개

3 ❶빨간색 풍선이 10개씩 묶음 5개와 낱개 25개 있고, ❷파란색 풍선이 10개씩 묶음 6개와 낱개 9개 있습니다. ❸어떤 색 풍선이 더 많은지 알아보세요.

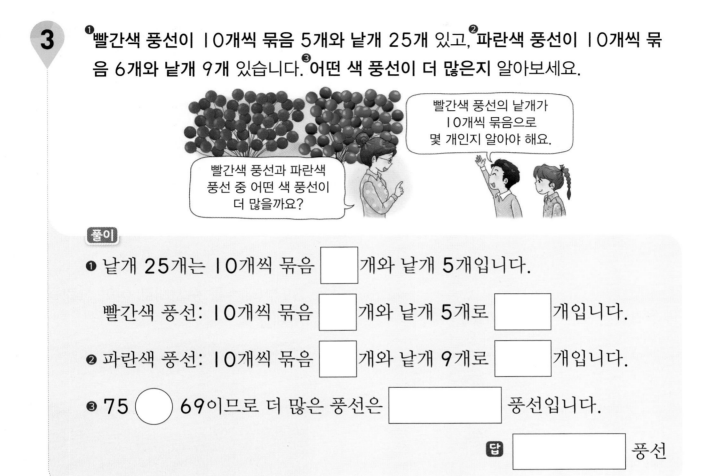

빨간색 풍선과 파란색 풍선 중 어떤 색 풍선이 더 많을까요?

빨간색 풍선의 낱개가 10개씩 묶음으로 몇 개인지 알아야 해요.

풀이

❶ 낱개 25개는 10개씩 묶음 ☐ 개와 낱개 5개입니다.

빨간색 풍선: 10개씩 묶음 ☐ 개와 낱개 5개로 ☐ 개입니다.

❷ 파란색 풍선: 10개씩 묶음 ☐ 개와 낱개 9개로 ☐ 개입니다.

❸ 75 ◯ 69이므로 더 많은 풍선은 ☐ 풍선입니다.

답 ☐ 풍선

쌍둥이 문제

4 칭찬 붙임딱지를 ❶태현이는 10장씩 묶음 8개와 낱개 8장 모았고, ❷인수는 10장씩 묶음 7개와 낱개 16장 모았습니다. ❸칭찬 붙임딱지를 더 적게 모은 사람은 누구인지 풀이 과정을 쓰고 답을 구하세요.

풀이

❶ _____

❷ _____

❸ _____

_____

답 _____

1 단원

진도 완료 체크

1 양말의 수를 세어 짝수에 ○표, 홀수에 △표 하세요.

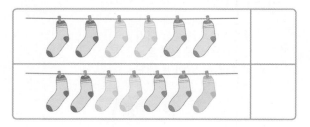

2 메추리알은 모두 몇 개일까요?

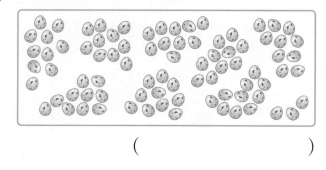

(   )

3 다음 중에서 <u>잘못</u> 읽은 것은 어느 것일까요? (   )

① 100 – 백
② 58 – 오십팔 – 쉰여덟
③ 87 – 팔십일곱 – 일흔칠
④ 84 – 팔십사 – 여든넷
⑤ 95 – 구십오 – 아흔다섯

4 순서에 맞게 빈 곳에 알맞은 수를 써넣으세요.

5 89부터 수를 순서대로 이어 그림을 완성하세요.

6 두 수의 크기를 비교하여 ○ 안에 >, < 를 알맞게 써넣으세요.

76 ◯ 99

7 □ 안에 알맞은 수를 써넣으세요.

(1) 79와 82 사이에 있는 수는

　　□ , 　　□ 입니다.

(2) 66보다 1만큼 더 큰 수는 　　□

입니다.

(3) 94보다 1만큼 더 작은 수는

　　□ 입니다.

8 몇십몇이 적힌 수 카드의 낱개의 수에 물감이 떨어져 보이지 않습니다. 더 큰 수가 적힌 수 카드를 알아보세요.

(1) 10개씩 묶음의 수가 같나요?

(예 , 아니요)

(2) 10개씩 묶음의 수가 더 큰 것은 어느 것인지 기호를 쓰세요.

(　　　　)

(3) 더 큰 수가 적힌 수 카드는 어느 것 인지 기호를 쓰세요.

(　　　　)

9 큰 수부터 차례로 쓰세요.

59	92	67	85

(　　　　　　　　　)

서술형 문제

10 다음은 줄넘기 횟수를 나타낸 기록입니다. 가장 많이 넘은 학생에게 상을 주려고 합니다. 상을 받는 학생은 누구인지 풀이 과정을 쓰고 답을 구하세요.

민규	유진	서준	지혜
51	87	74	93

풀이 _____

_____

_____

_____

답 _____

점수

1 수를 세어 쓰고 읽으세요.

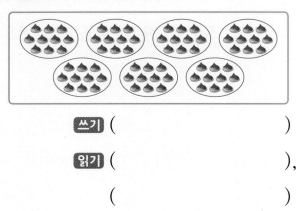

쓰기 (   )

읽기 (   ),

       (   )

2 □ 안에 알맞은 수를 써넣고 두 가지 방법으로 읽으세요.

10개씩 묶음	낱개
6	8

⇨ [   ]

읽기 (   ),

       (   )

3 빈 곳에 알맞은 수를 써넣으세요.

[   ] — [70] — [71] — [   ]

4 수를 세어 보고 관계있는 것에 모두 ○표 하세요.

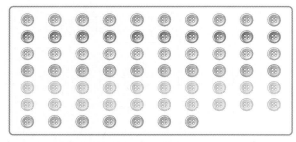

(육십아홉 , 여든칠 , 67 , 예순일곱)

5 □ 안에 알맞은 수를 써넣고 ○ 안에 >, <를 알맞게 써넣으세요.

[   ] ○ [   ]

82보다 1만큼   79보다 1만큼
더 작은 수   더 큰 수

6 다음 중에서 짝수가 <u>아닌</u> 것은 어느 것일까요? (   )

① 20   ② 22   ③ 30

④ 33   ⑤ 50

7 동물원에 견학 온 친구들이 사물함을 찾으려고 합니다. 87번 열쇠를 가진 채영이는 ①~④ 중 어느 곳에서 사물함을 찾아야 할까요?

(　　　　　)

8 0부터 9까지의 수 중에서 □ 안에 들어갈 수 있는 수를 모두 구하세요.

$$\boxed{\square 7 > 76}$$

(　　　　　)

9 포도가 83송이 있습니다. 포도를 한 상자에 10송이씩 6상자에 담으면 상자에 담지 <u>않은</u> 포도는 몇 송이일까요?

(　　　　　)

서술형 문제

10 3장의 수 카드 중에서 2장을 뽑아 몇십몇을 만들려고 합니다. 만들 수 있는 가장 작은 수는 얼마인지 풀이 과정을 쓰고 답을 구하세요.

| 7 | 9 | 6 |

풀이 _____

_____

_____

답 _____

1 32부터 40까지의 수가 쓰여 있는 나뭇잎을 짝수는 ◯ 부분에, 홀수는 ◯ 부분에 붙이세요. 붙임딱지 사용

2 민경, 태호, 은정이는 과녁 맞히기 놀이를 하였습니다. 다음은 세 사람이 각각 화살을 15개씩 던져 맞힌 것입니다. 노란색을 맞히면 1점, 분홍색을 맞히면 10점일 때, 물음에 답하세요.

(1) 민경, 태호, 은정이가 얻은 점수는 각각 몇 점일까요?

민경 (   )

태호 (   )

은정 (   )

(2) 민경, 태호, 은정이 중 점수가 가장 높은 사람은 누구일까요?

(   )

3 도로명 주소가 길의 위쪽은 홀수, 아래쪽은 짝수이고, 오른쪽으로 갈수록 수가 커집니다. 알맞은 주소를 붙이세요. 붙임딱지 사용

위쪽

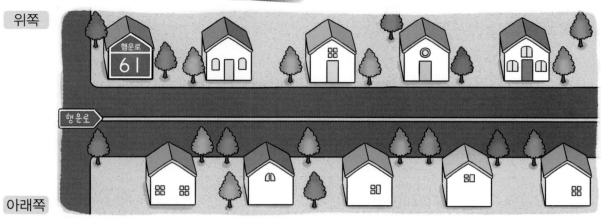

행운로
61

행운로

아래쪽

1
단원
진도 완료
체크

4 민수네 가족 3명이 함께 영화관에 갔습니다. 영화관 입구에 있는 자리 안내판에 민수, 엄마, 동생 붙임딱지를 알맞게 붙이세요. 붙임딱지 사용

민수

내 동생( )의 자리 번호는 10개씩 묶음의 수가 4인 홀수예요.

우리 가족은 나란히 붙어 앉아 있고 가장 작은 번호는 46이에요.

민수 엄마

화면									
출입구									출입구
1	2	3	4	5	6	7	8	9	10
11	12	13	14	15	16	17	18	19	20
21	22	23	24	25	26	27	28	29	30
31	32	33	34	35	36	37	38	39	40
41	42	43	44	45	46	47	48	49	50
51	52	53	54	55	56	57	58	59	60

학습 게임

2 덧셈과 뺄셈 (1)

1학년

- 한 자리 수인 세 수의 덧셈과 뺄셈
- 10이 되는 더하기
- 10에서 빼기
- 10을 만들어 더하기

2학년

- 받아올림, 받아내림이 있는 덧셈과 뺄셈
- 곱셈구구
- 덧셈과 뺄셈의 관계

3~6학년

- 세 자리 수의 덧셈과 뺄셈
- 분수와 소수의 덧셈과 뺄셈
- 분수와 소수의 곱셈과 나눗셈

간다~ 3점 슛!

$7 + 3 = 10$

이전에 배운 내용 확인하기

>> 정답 8쪽

1 모으기를 하세요.

(1)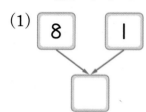

(2)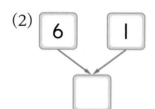

2 가르기를 하세요.

(1)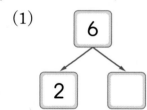

(2)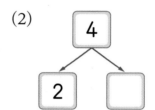

3 그림을 보고 계산을 하세요.

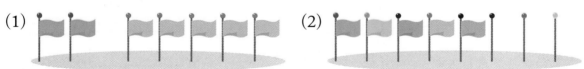

(1) 2+5=☐

(2) 8-3=☐

4 뺄셈식으로 나타내세요.

7과 2의 차는 5입니다.

두 얼굴의 외계 친구

 교과서 **개념**　세 수의 덧셈, 세 수의 뺄셈

개념 1 세 수의 덧셈

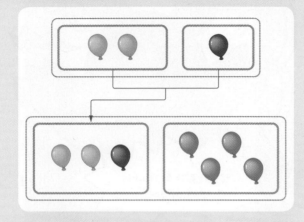

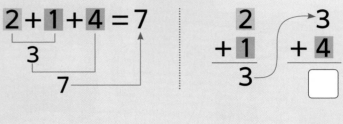

$$2+1+4=7$$

$$\begin{array}{r} 2 \\ +1 \\ \hline 3 \end{array} \quad \begin{array}{r} 3 \\ +4 \\ \hline \square \end{array}$$

앞의 두 수를 먼저 더해요.

개념 2 세 수의 뺄셈

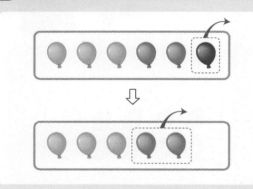

$$6-1-2=\square$$

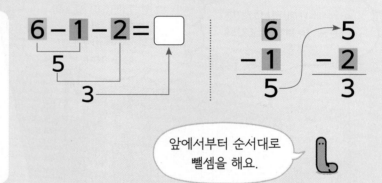

$$\begin{array}{r} 6 \\ -1 \\ \hline 5 \end{array} \quad \begin{array}{r} 5 \\ -2 \\ \hline 3 \end{array}$$

앞에서부터 순서대로 뺄셈을 해요.

정답 7, 3

개념확인 1 그림을 보고 □ 안에 알맞은 수를 써넣으세요.

(1)
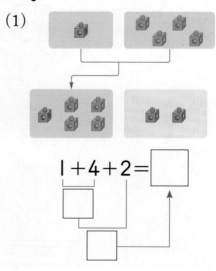

$$1+4+2=\square$$

(2)
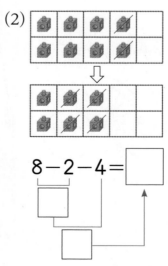

$$8-2-4=\square$$

2 그림을 보고 □ 안에 알맞은 수를 써넣으세요.

(1)
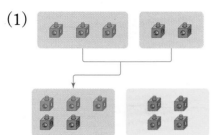

$$3+2+4=\boxed{}$$

(2)
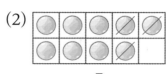

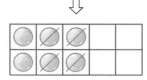

$$9-3-4=\boxed{}$$

3 □ 안에 알맞은 수를 써넣으세요.

(1) $1+3+2=\boxed{}$

$$1+3=\boxed{}$$
$$\boxed{}+2=\boxed{}$$

(2) $8-3-4=\boxed{}$

$$8-3=\boxed{}$$
$$\boxed{}-4=\boxed{}$$

4 세 수의 덧셈을 하세요.

(1) $4+3+1=\boxed{}$

(2) $2+1+5=\boxed{}$

5 세 수의 뺄셈을 하세요.

(1) $9-2-3=\boxed{}$

(2) $8-1-4=\boxed{}$

오른쪽 위: 9-3-1은 그대로 쓰고 계산하세요.

1 그림에 맞는 **식을 만드세요.**

(1)

2 + ☐ + ☐ = ☐

(2)

왼쪽으로 2마리, 오른쪽으로 3마리 날아갔어요.

8 − ☐ − ☐ = ☐

2 알맞은 것을 찾아 이으세요.

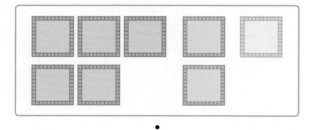

·

·   ·

5+2+1   4+3+2

·   ·

6   7   8

3 계산을 하세요.

(1) 3+5+1 = ☐

(2) 8−1−3 = ☐

4 계산 결과를 찾아 이으세요.

4+1+2 ·   · 4

· 5

9−2−3 ·   · 6

2+2+2 ·   · 7

5 계산에서 **잘못된 곳**을 찾아 바르게 고쳐 계산하세요.

9 − 3 − 1 = 7 ⇨ ☐
       2
   7

9-3-1은 그대로 쓰고 계산하세요.

6 수호는 음악 소리의 크기를 **8칸에서 2칸을 줄이고** 다시 **4칸을 더** 줄였습니다. 지금 듣고 있는 음악 소리의 크기만큼 색칠하세요.

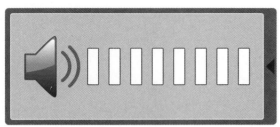

7 □ 안에 알맞은 수를 써넣어 이야기를 완성하세요.

밤이 □개 남았습니다.

중요
서술형 문제
8 사탕 **8개**가 있었습니다. 민수가 **4개**, 동생이 **3개**를 먹었습니다. **남아 있는 사탕**은 몇 개인지 식을 쓰고 답을 구하세요.

식 _____

답 _____

수학 역량 키우기 문제

9 세 가지 색으로 팔찌를 색칠하고 **덧셈식**을 만드세요.
문제해결

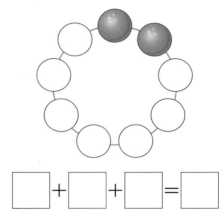

□+□+□=□

2단원
진도 완료 체크

10 네 장의 수 카드 중에서 두 장을 골라 **덧셈식**을 완성하세요.
추론

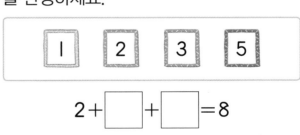

2+□+□=8

11 네 장의 수 카드 중에서 두 장을 골라 **뺄셈식**을 완성하세요.
추론

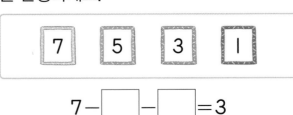

7-□-□=3

개념 1 10이 되는 더하기

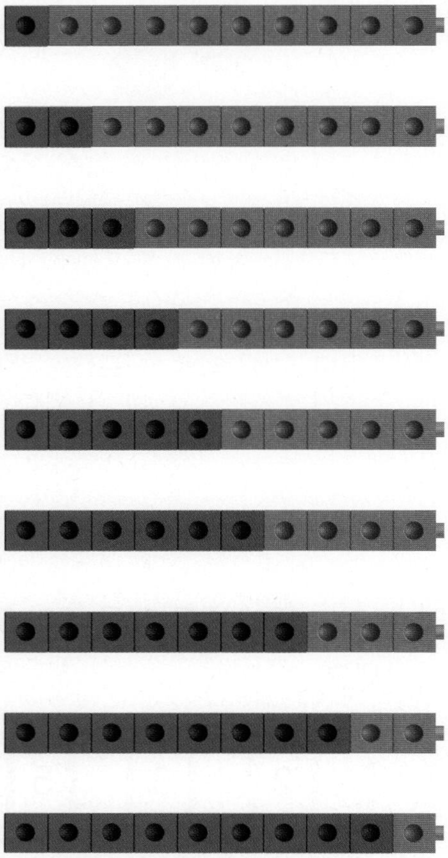

$1 + 9 = 10$

$2 + 8 = 10$

$3 + 7 = 10$

$4 + 6 = 10$

$5 + 5 = 10$

$6 + \boxed{} = 10$

$7 + \boxed{} = 10$

$8 + \boxed{} = 10$

$9 + \boxed{} = 10$

4 6

10

$4+6=10$

6 4

10

$6+4=10$

두 수를 바꾸어 더해도 합이 같아요.

정답 4, 3, 2, 1

개념확인 1 □ 안에 알맞은 수를 써넣으세요.

$9+1 = \boxed{}$

개념확인 2 □ 안에 알맞은 수를 써넣으세요.

(1)

$\boxed{} + 9 = 10$

(2)

$4 + \boxed{} = 10$

3 그림을 보고 □ 안에 알맞은 수를 써넣으세요.

3   4   5   6   7   8   □   □

$3+7=$ □

4 그림을 보고 □ 안에 알맞은 수를 써넣으세요.

□$+$□$=10$

5 그림을 보고 덧셈식을 완성하세요.

(1)

$7+$□$=$□

(2)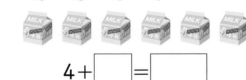

$4+$□$=$□

6 10이 되도록 ○를 그려 넣고 □ 안에 알맞은 수를 써넣으세요.

(1)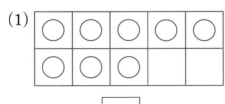

$8+$□$=10$

(2)

$5+$□$=10$

개념 1 10에서 빼기

$10 - 1 = 9$

$10 - 2 = 8$

$10 - 3 = 7$

$10 - 4 = 6$

$10 - 5 = 5$

$10 - 6 = \boxed{}$

$10 - 7 = \boxed{}$

$10 - 8 = \boxed{}$

$10 - 9 = \boxed{}$

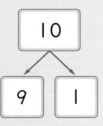

$10 - 9 = 1$

> 가르기를 이용하여 10에서 빼기를 해요.

정답 4, 3, 2, 1

개념확인 1 빈칸에 알맞은 수를 써넣으세요.

(1) 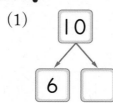 $10 - 6 = \boxed{}$

(2) 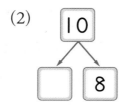 $10 - \boxed{} = 8$

개념확인 2 그림을 보고 □ 안에 알맞은 수를 써넣으세요.

$10 - 8 = \boxed{}$

3 /으로 알맞게 지우고 뺄셈을 하세요.

(1)  $10-7=$ ☐

(2)  $10-2=$ ☐

4 그림을 보고 뺄셈을 하세요.

(1)

$10-3=$ ☐

(2)

$10-4=$ ☐

5 검은색 바둑돌이 흰색 바둑돌보다 몇 개 더 많은지 그림을 보고 알아보세요.

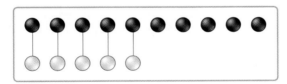 $10-$ ☐ $=$ ☐

6 뺄셈을 하세요.

(1) $10-1=$ ☐   (2) $10-9=$ ☐

1 □ 안에 알맞은 수를 써넣으세요.

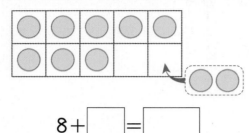

$$8+\boxed{}=\boxed{}$$

2 그림을 보고 뺄셈을 하세요.

(1)

$$10-2=\boxed{}$$

(2)
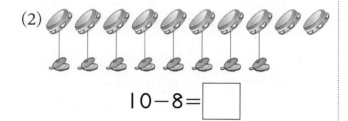

$$10-8=\boxed{}$$

3 10이 되도록 ○를 그려 넣고 □ 안에 알맞은 수를 써넣으세요.

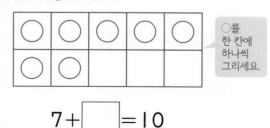

○를 한 칸에 하나씩 그리세요.

$$7+\boxed{}=10$$

4 □ 안에 알맞은 수를 써넣으세요.

(1) $3+\boxed{}=10$

(2) $\boxed{}+1=10$

중요
5 □ 안에 알맞은 수를 써넣으세요.

(1) $10-6=\boxed{}$

(2) $10-5=\boxed{}$

6 합이 **10이 되는 칸**을 모두 색칠해 보고, **어떤 글자**가 보이는지 쓰세요.

2+8	3+3	2+4	1+9
5+5	4+5	2+7	7+3
3+7	6+3	5+5	8+2
6+4	8+1	3+2	4+6
9+1	3+7	6+2	3+7

(   )

7 차를 구하고 **보기**에서 그 **차에 해당하는 글자**를 찾아 쓰세요.

┌─ 보기 ─────────────────────┐
│ 2   3   4   5   6   7 │
│ 하   모   나   처   부   님 │
└────────────────────────────┘

$10 - 4 = \boxed{}$ ⇨ _____

$10 - 7 = \boxed{}$ ⇨ _____

$10 - 3 = \boxed{}$ ⇨ _____

8 다음 세 수로 만들 수 있는 **덧셈식과 뺄셈식**을 쓰세요.

┌─────────────────────┐
│   6   10   4   │
└─────────────────────┘

덧셈식 $\boxed{} + \boxed{} = \boxed{}$

뺄셈식 $\boxed{} - \boxed{} = \boxed{}$

9 (중요) 서술형 문제

수아는 동화책을 어제 **5쪽** 읽었습니다. 오늘 **5쪽**을 더 읽었다면 수아가 어제와 오늘 읽은 동화책은 **모두 몇 쪽**인지 식을 쓰고 답을 구하세요.

식 _____

답 _____

10 (의사소통) **옆에 있는 수끼리 더해서 10이 되는 두 수**를 모두 찾아 ◯표 하고 덧셈식을 쓰세요.

두 수씩 ◯표 하세요.

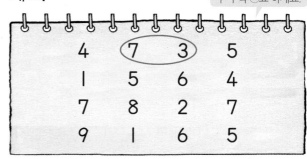

$$7 + 3 = 10$$

_____

_____

진도 완료 체크

11 (연결) 그림에 알맞은 뺄셈식을 만드세요.

컵 10개 중에서 3개를 넘어뜨렸어.

남은 컵은 몇 개일까?

$10 - \boxed{} = \boxed{}$

1단계 교과서 **개념** 10을 만들어 더하기

개념 **1** 10을 만들어 더하기

• 8+2+3의 계산

| 8 | 2 | | 3 |

⇩

10

$10+3=\boxed{}$

두 수를 더해 10을 만들고 나머지 수를 더합니다.

개념 **2** 합을 구하는 방법 비교하기

• 1+6+4의 계산

(1)

| 1 | 6 | | 4 |

7 8 9 10 11

$1+6+4=11$

(2)

| 1 | | 6 | 4 |

앞의 두 수를 먼저 더하는 방법과 뒤의 두 수를 먼저 더하는 방법의 결과는 같아요.

10

11

$1+6+4=11$

정답 13

개념확인 **1** 그림을 보고 □ 안에 알맞은 수를 써넣으세요.

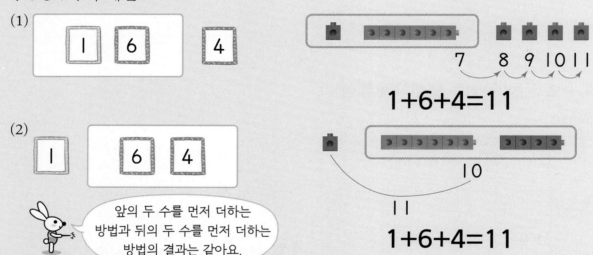

7   3   5

$7+3+5=\boxed{}$

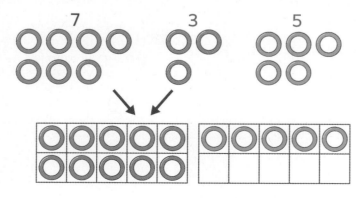

2　□ 안에 알맞은 수를 써넣으세요.

(1)　앞의 두 수를 먼저 더하는 방법

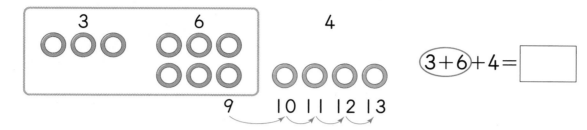

$3+6+4=$ ☐

(2)　뒤의 두 수를 먼저 더하는 방법

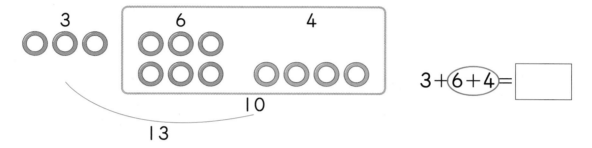

$3+6+4=$ ☐

3　그림을 보고 □ 안에 알맞은 수를 써넣으세요.

(1)
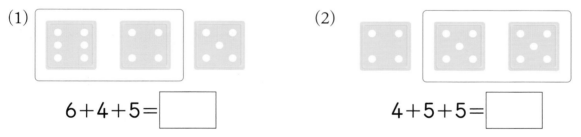

$6+4+5=$ ☐

(2)

$4+5+5=$ ☐

4　□ 안에 알맞은 수를 써넣으세요.

(1)　$3+7+5=$ ☐

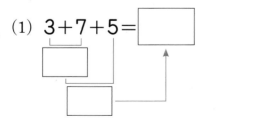

(2)　$8+1+9=$ ☐

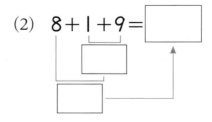

5　합이 10이 되는 두 수를 ◯로 묶은 뒤 □ 안에 알맞은 수를 써넣으세요.

(1) $7+3+6=$ ☐　　　　(2) $1+8+2=$ ☐

1 그림을 보고 □ 안에 알맞은 수를 써넣으세요.

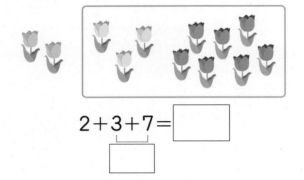

$$2+3+7=\boxed{}$$

$$\boxed{}$$

2 식에 맞게 접시에 ◯를 그리고 □ 안에 알맞은 수를 써넣으세요.

(1)

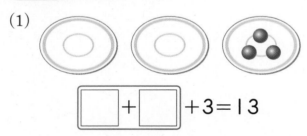

$$\boxed{}+\boxed{}+3=13$$

(2)

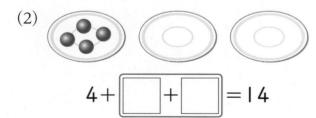

$$4+\boxed{}+\boxed{}=14$$

중요
3 계산을 하세요.

(1) $9+1+4=\boxed{}$

(2) $3+7+7=\boxed{}$

(3) $6+8+2=\boxed{}$

주사위의 눈의 수는 동그란 모양의 수입니다.

4 준성이가 주사위 **3**개를 던져 나온 눈입니다. 나온 **눈의 수의 합**을 구하세요.

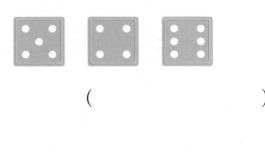

(   )

5 합이 같은 것끼리 이으세요.

$8+2+3$ ・	・ $5+10$
$5+6+4$ ・	・ $7+10$
$7+5+5$ ・	・ $10+3$

6 수 카드의 **세 수를 더해** 보세요.

6	3	7

(   )

7 **계산 결과가 큰 것부터** 차례로 기호를 쓰세요.

> ㉠ 5+5+5
> ㉡ 7+3+4
> ㉢ 8+1+9

(   )

기호 3개를 모두 써야 해요.

중요

8 우희는 파란색 색연필 **5자루**, 빨간색 색연필 **5자루**, 노란색 색연필 **3자루**를 가지고 있습니다. 우희가 가지고 있는 색연필은 모두 몇 자루인지 식으로 나타내세요.

$5 + \boxed{} + \boxed{} = \boxed{}$ (자루)

9 유미가 일주일 동안 읽은 책입니다. **모두 몇 권**을 읽었을까요?

만화책	위인전	동화책
2권	5권	5권

$\boxed{} + \boxed{} + \boxed{} = \boxed{}$ (권)

수학 역량 키우기 문제

10 길을 따라갔을 때의 생선의 수를 구하려고 합니다. □ 안에 알맞은 수를 써넣어 덧셈식을 완성하세요.

연결

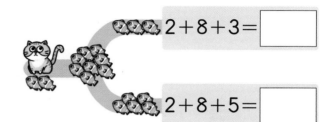

$2 + 8 + 3 = \boxed{}$

$2 + 8 + 5 = \boxed{}$

2 단원

진도 완료 체크

11 그림을 보고 □ 안에 알맞은 수를 써넣으세요.

문제 해결

1모둠

$\boxed{} + 4 + 6 = \boxed{}$

2모둠

$5 + \boxed{} + 4 = \boxed{}$

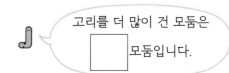
고리를 더 많이 건 모둠은 $\boxed{}$ 모둠입니다.

1 한나는 ^①공깃돌 10개를 양손에 나누어 가졌습니다. 한나의 오른손에 7개가 있다면 ^②왼손에는 몇 개가 있는지 알아보세요.

풀이

① 10은 7과 ☐ (으)로 가르기를 할 수 있습니다.

② 따라서 오른손에 공깃돌이 7개 있으므로 왼손에는

10−7=☐ (개)가 있습니다.

답 ☐ 개

2 연우와 아저씨는 ^①1층에서 엘리베이터를 탔습니다. 아저씨는 9층 더 올라가서 내리셨고, 연우는 아저씨보다 5층 더 올라가서 내렸습니다. ^②연우는 몇 층에서 내렸는지 알아보세요.

풀이

① 세 수의 덧셈을 하면 1+☐+5=☐ 입니다.

② 따라서 연우는 ☐ 층에서 내렸습니다.

답 ☐ 층

3 **❶** **주차장에 자동차가 8대 있었습니다. 잠시 후 3대가 나가고 2대가 더 나갔습니다.** **❷** **주차장에 남아 있는 자동차는 몇 대인지** 알아보세요.

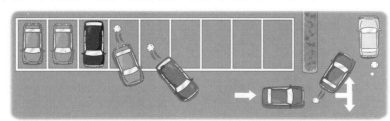

풀이

❶ 자동차가 주차장에서 나갔으므로 뺄셈으로 나타내면 8-3-□ 입니다.

❷ 따라서 주차장에 남아 있는 자동차는

8-3-□=5-□=□ (대)입니다.

답 □ 대

4 **❶** **학급 문고에 동화책이 9권 있었습니다. 친구들이 지난주에 4권을 빌려 가고 이번 주에 3권을 빌려 갔습니다.** **❷** **학급 문고에 남아 있는 동화책은 몇 권인지** 풀이 과정을 쓰고 답을 구하세요.

풀이

❶ _____

_____

❷ _____

_____

답 _____

1 그림을 보고 뺄셈을 하세요.

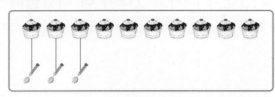

$$10-3=\boxed{}$$

2 □ 안에 알맞은 수를 써넣으세요.

(1) $1+2+4=\boxed{}$

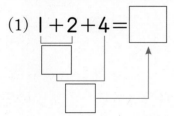

(2) $4+2+8=\boxed{}$

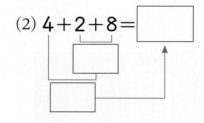

3 □ 안에 알맞은 수를 써넣으세요.

$$7+\boxed{}=10$$

4 합이 10이 되는 두 수를 ◯로 묶은 뒤 세 수의 합을 구하세요.

(1)
8	3
	2

$\Rightarrow \boxed{}$

(2)
6	4
	7

$\Rightarrow \boxed{}$

5 합이 같은 것끼리 이으세요.

$5+3+1$ ·	· $5+3$
$2+3+7$ ·	· $2+10$
$1+4+3$ ·	· $8+1$

6 계산 결과가 10이 되는 것은 어느 것일까요?·······················(   )

① $2+7$ ② $5+4$ ③ $2+5$

④ $8+2$ ⑤ $3+6$

7 □ 안에 알맞은 수를 써넣어 이야기를 완성하세요.

종이학을 3마리 접었어.

종이학을 2마리 접었어.

내가 종이학을 4마리 접었으니 모두 □마리야.

8 보기와 같이 주어진 글자 수에 알맞게 노래를 완성하세요.

┌─ 보기 ─────────────────────┐
│   1O글자   │
├──────────┬──────────┬──────┤
│ 5글자   │   3글자   │2글자 │
│ 곰 세 마리가 │ 한 집에 │ 있어 │
└──────────┴──────────┴──────┘

연못   물만 먹고 가지요   새벽에 토끼가

세수하러   왔다가   밤에 노루가

┌───────────────────────────┐
│   14글자   │
│   │
│   │
│   │
└───────────────────────────┘

9 가장 큰 수에서 나머지 두 수를 뺀 값을 구하세요.

[2]   [8]   [3]

(   )

10 색종이 8장 중에서 4장으로 종이비행기를 접고, 2장으로 종이배를 접었습니다. 남은 색종이는 몇 장인지 풀이 과정을 쓰고 답을 구하세요.

풀이 _____

_____

_____

_____

답 _____

1 □ 안에 알맞은 수를 써넣으세요.

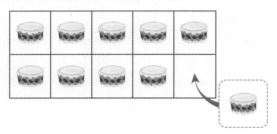

$9+1=$ □

2 계산을 하세요.

$9-7-1=$ □

3 머핀은 모두 몇 개인지 식을 쓰세요.

□ + □ + □ = □

4 보기와 같이 계산하세요.

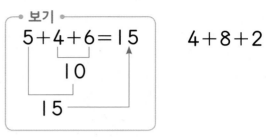

$5+4+6=15$
10
15

$4+8+2$

5 □ 안에 알맞은 수를 써넣으세요.

$10-5=$ □

6 합이 10이 되도록 □ 안에 알맞은 수를 써넣으세요.

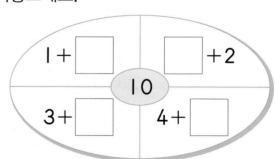

$1+$ □   □ $+2$
10
$3+$ □ $4+$ □

7 다음 음계를 보고 ○ 안에 계이름이 나타내는 번호를 써넣고 계산하세요.

번호	1	2	3	4	5	6	7
계이름	도	레	미	파	솔	라	시

(1) 도+미+솔

⇨ ○ + ○ + ○ = ☐

(2) 시−파−레

⇨ ○ − ○ − ○ = ☐

서술형 문제

8 접고 있는 손가락은 몇 개인지 뺄셈식을 쓰고 답을 구하세요.

식 _____

답 _____

9 다음을 보고 ▲의 값을 구하세요.

$$10 - 3 = ■$$
$$■ + 5 + 5 = ▲$$

(   )

서술형 문제

10 퀴즈 프로그램에서 ○× 문제가 나왔습니다. 10명의 도전자 중에서 2명이 ×라고 답하고 나머지는 ○라고 답했습니다. ○라고 답한 사람은 몇 명인지 풀이 과정을 쓰고 답을 구하세요.

풀이 _____

_____

_____

_____

답 _____

보기와 같이 색연필 두 자루의 길이가 10칸이 되도록 색연필 붙임딱지를 붙이고 식을 완성하세요.(1~3) 붙임딱지 사용

보기

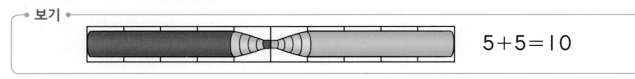

$5+5=10$

1 $4+\boxed{}=10$

2 $\boxed{}+7=10$

3 $8+\boxed{}=10$

4 선물 상자가 자물쇠로 잠겨 있습니다. 힌트를 보고 자물쇠의 비밀번호를 찾아 쓰세요.

힌트

㉠ $1+6+2$ ㉡ $9-5-3$
㉢ $5+1+1$ ㉣ $10-5$
계산 결과를 큰 것부터 순서대로 왼쪽에서부터 번호를 맞추면 자물쇠가 열립니다.

비밀번호 ⇨ $\boxed{}\boxed{}\boxed{}\boxed{}$

>> 정답 13쪽

5 전자제품을 충전하려고 합니다. 계산 결과를 찾아 붙임딱지를 이용하여 콘센트에 꽂아 주세요. 붙임딱지 사용

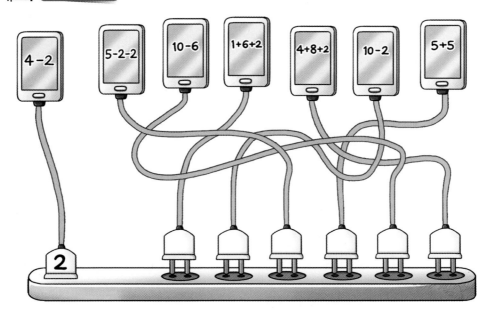

6 대화를 보고 다이아몬드(◆), 스페이드(♠), 클로버(♣) 모양 붙임딱지를 개수에 맞게 붙이세요. 붙임딱지 사용

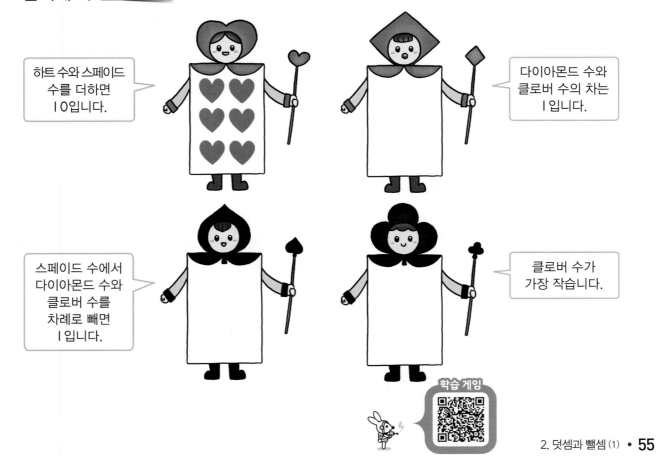

3 모양과 시각

1학년

- ■, ▲, ● 모양 찾아보기
- ■, ▲, ● 모양 알아보기
- ■, ▲, ● 모양을 이용하여
  여러 가지 모양 만들기
- '몇 시', '몇 시 30분' 알아보기

2학년

- 원, 삼각형, 사각형
- 쌓기나무
- 시각과 시간
- '몇 시 몇 분' 알아보기

3~6학년

- 선분, 반직선, 직선
- 각, 직각
- 다각형, 대각선
- 도형의 합동과 대칭
- 길이와 시간,
  들이와 무게

피아노에 △ 모양

스피커는 □ 모양

내 안경은
● 모양

1 같은 모양을 찾아 이으세요.

 · ·

 · ·

 · ·

2  모양 중 다음 모양을 만드는 데 필요하지 <u>않은</u> 모양에 ○표 하세요.

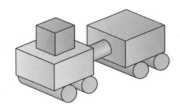

3 다음 모양을 만들려고 합니다.  모양은 각각 몇 개 필요한지 구하세요.

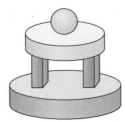

3 단원

날아간 부품을 찾아라!

개념 1 ⬜, 🔺, ⬤ 모양 찾기

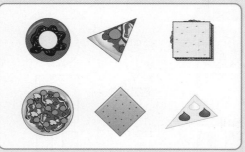

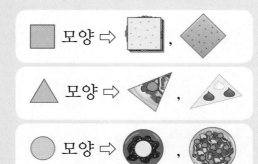

개념 2 같은 모양끼리 모으기

⬜ 모양

뾰족뾰족 🔺 모양

⬜ 모양

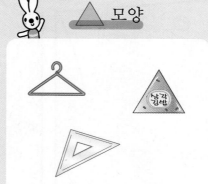

동글동글

⬤ 요밀

개념확인 **1** 같은 모양을 찾아 이으세요.

⬜   🔺   ⬤

·   ·   ·

·   ·   ·

2 왼쪽과 같은 모양의 물건에 ◯표 하세요.

(1)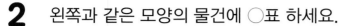

(2)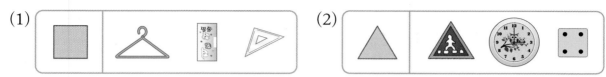

3 다음은 ■ 모양 블록을 모은 것입니다. <u>잘못</u> 모은 것에 △표 하세요.

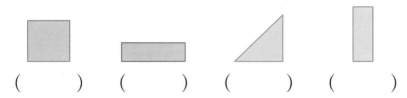

(   )   (   )   (   )   (   )

4 같은 모양끼리 모았습니다. <u>잘못</u> 모은 것에 △표 하세요.

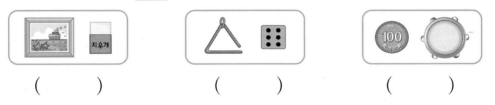

(   )   (   )   (   )

5 방 안에 있는 여러 가지 물건 중에서 ◯ 모양을 찾아 △표 하세요.

 **교과서 개념** **여러 가지 모양 알아보기**

개념 1 ■, ▲, ● 모양 알아보기

• 도장 찍기

■ 모양

• 물건 본뜨기

▲ 모양

• 고무찰흙 위에 찍기

● 모양

⇩ ⇩ ⇩

• 뾰족한 부분이 **4**군데
• 곧은 선이 있음.

• 뾰족한 부분이 □군데
• 곧은 선이 있음.

• 뾰족한 부분이 없음.
• 둥근 부분이 있음.
• 곧은 선이 없음.

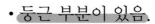

정답 **3**

개념확인 **1** 다음과 같이 물건을 본떴을 때 나오는 모양을 찾아 ○표 하세요.

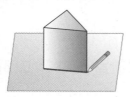

(■ , ▲ , ●)

개념확인 **2** ■, ▲, ● 모양을 본뜬 것의 일부분입니다. 모양을 완성하세요.

3 그림과 같이 물건을 종이 위에 대고 본을 떴을 때 나오는 모양을 찾아 이으세요.

4 다음 물건의 아랫부분에 물감을 묻혀 찍었을 때 나오는 모양을 찾아 ◯표 하세요.

(1)

(■ , ▲ , ●)

(2)

(■ , ▲ , ●)

5 서로 다른 ■ 모양을 2개 그리세요.

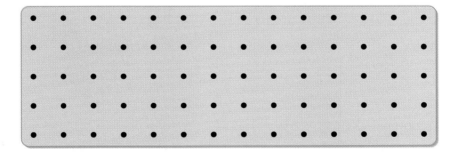

6 ▲ 모양의 특징으로 알맞은 것을 찾아 기호를 쓰세요.

> ㉠ 뾰족한 부분이 없습니다.
> ㉡ 뾰족한 부분이 4군데입니다.
> ㉢ 뾰족한 부분이 3군데입니다.

(   )

1 **모양이 같은 것끼리** 이으세요.

 ·   ·

 ·   ·

 ·   ·

2 모양에 대한 설명으로 **알맞은 것**에 모두 ○표 하세요.

곧은 선이 있습니다.	
뾰족한 부분이 없습니다.	
둥근 부분이 있습니다.	

^{중요}
3 태현이가 이야기하는 모양을 찾아 ○표 하세요.

뾰족한 부분이 세 군데 있는 모양이야.

태현

4 ◼, ▲, ● 모양의 일부분을 나타낸 그림입니다. **알맞게** 이으세요.

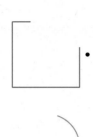 ·   ·

 ·   ·

·

원래 모양을 찾아 선을 그어 보세요.

5 고무찰흙 위에 찍을 때 나올 수 있는 모양을 모두 찾아 ○표 하세요.

(1)
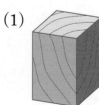

(2)
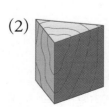

6 ▧ 모양과 △ 모양을 각각 I개씩 그리세요.

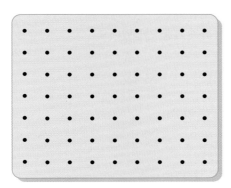

7 오른쪽 모양 조각들의 특징으로 **알맞은 것을** 찾아 기호를 쓰세요.

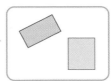

> ㉠ 뾰족한 부분이 3군데입니다.
> ㉡ 뾰족한 부분이 4군데입니다.
> ㉢ 뾰족한 부분이 없습니다.

(   )

기호를 쓰세요.

중요
8 자동차의 **바퀴가** ▧ 모양이라면 어떻게 될지 쓰세요.

_____

_____

_____

9 뾰족한 부분이 <u>없는</u> 색종이는 모두 몇 개인지 구하세요.

정보
처리

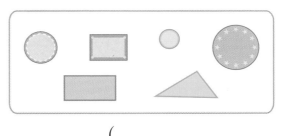

(   )

3
단원

진도 완료
체크

10 그림을 보고 **알맞게 이야기한** 친구의 이름을 쓰세요.

정보
처리

> 희준: 잠자리는 ▧ 모양으로만 되어 있네.
> 새롬: 애벌레는 ▧, △, ◯ 모양이 모두 있어.
> 강민: 해는 ◯와 △ 모양으로 되어 있어.

(   )

개념 1 ■, ▲, ● 모양을 이용하여 여러 가지 모양을 만들기

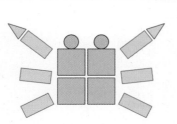

 ■, ▲, ● 모양을 이용하여 게를 만들었어요.

• 몸통과 다리: ☐ 모양

• 집게: ▲ 모양

• 눈: ● 모양

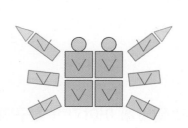

■ 모양: 10개

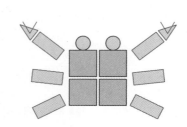

▲ 모양: 2개

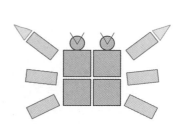
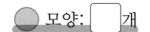

● 모양: ☐개

정답 ■, 2

개념확인 1 ■, ▲, ● 모양을 이용하여 꽃을 만들었습니다. ☐ 안에 알맞은 모양
을 그려 넣으세요.

(1)
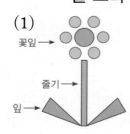
꽃잎→
줄기→
잎→

꽃잎은 ● 모양으로, 줄기는 ☐ 모양으로,

잎은 ☐ 모양으로 만들었습니다.

(2)
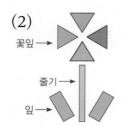
꽃잎→
줄기→
잎→

꽃잎은 ☐ 모양으로, 줄기는 ■ 모양으로,

잎은 ☐ 모양으로 만들었습니다.

2 ■, ▲, ● 모양으로 버스를 만들었습니다. 버스를 만드는 데 이용한 ● 모양은 몇 개일까요?

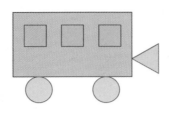

(   )

3 ■, ▲, ● 모양을 이용하여 만든 모양입니다. 알맞은 모양에 ○표 하세요.

(1)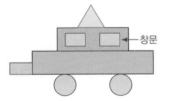

(2)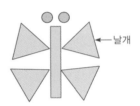

(■ , ▲ , ●)   (■ , ▲ , ●)

4 만든 모양에 ■, ▲, ● 모양이 각각 몇 개 있는지 세어 보세요.

(1)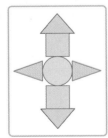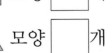

■ 모양 [ ] 개

▲ 모양 [ ] 개

● 모양 [ ] 개

(2)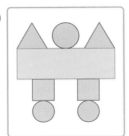

■ 모양 [ ] 개

▲ 모양 [ ] 개

● 모양 [ ] 개

(3)

■ 모양 [ ] 개, ▲ 모양 [ ] 개, ● 모양 [ ] 개

1 ■, ▲, ● 모양 중 **한 가지 모양**만을 이용하여 만든 모양입니다. 이용한 모양을 그리세요.

(1)

> ■, ▲, ● 중 알맞은 것을 그려 넣으세요.

□ 모양

(2)

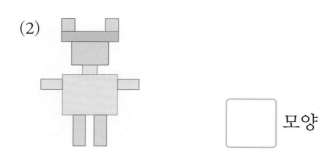

□ 모양

중요
2 다음에 ■, ▲, ● 모양이 몇 개 있는지 **세어** 보세요.

■ 모양 (   )

▲ 모양 (   )

● 모양 (   )

3 ● 모양을 **2개만 이용**한 모양을 찾아 ○표 하세요.

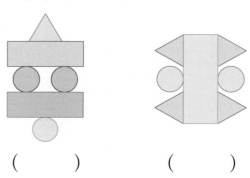

(   )   (   )

4 ■, ▲, ● 모양 중 다음 모양을 만들 때 **이용하지 않은 모양**을 그리세요.

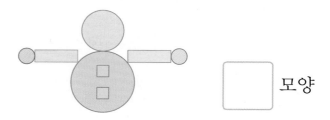

□ 모양

5 두 모양을 만드는 데 **공통으로 이용**한 모양을 그리세요.

> ■, ▲, ● 중 두 모양에 모두 있는 것을 찾으세요.

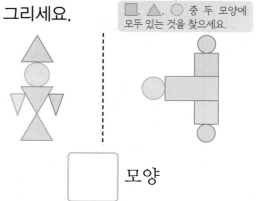

□ 모양

6 다음 모양을 만드는 데 가장 **적게** 이용한 모양에 ○표 하세요.

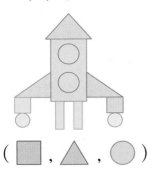

(■ , ▲ , ●)

중요

7 다음 모양을 만드는 데 가장 **많이** 이용한 모양에 ○표 하세요.

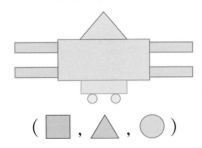

(■ , ▲ , ●)

8 다음 모양을 만드는 데 ▲ 모양은 ■ 모양보다 **몇 개 더 많이** 이용했을까요?

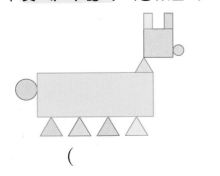

(   )

수학 역량 키우기 문제

9 추론 **주어진 모양 조각만**을 이용하여 만든 모양을 찾아 기호를 쓰세요.

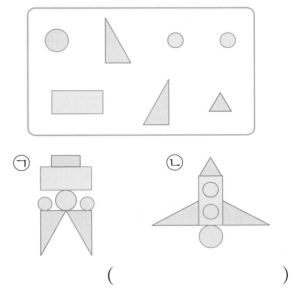

ㄱ   ㄴ

(   )

10 창의 융합 ■ , ▲ , ● 모양을 이용하여 옷을 꾸미세요.

3
단원

진도 완료
체크

몇 시 알아보기

🔎 빈칸의 글자를 따라 써 보세요.

개념 1 몇 시 알아보기

짧은바늘이 **8**, **긴바늘**이 **12**를 가리킬 때

시계는 **8** 시 를 나타냅니다. **여덟 시**라고 읽습니다.

8:00 ⇨ 8시

'몇 시'라고 읽어요.

> 8시, 10시 등을 시각이라고 해요.

개념 2 시계에 몇 시 나타내기

10:00
└→ 디지털시계

10시는 **짧은바늘**이 **10**,
긴바늘이 **12**를 가리키도록
나타냅니다.

개념확인 1 시계를 보고 □ 안에 알맞은 수나 말을 써넣으세요.

짧은바늘이 □ , 긴바늘이 12를 가리킬 때 시계는

□ 시를 나타냅니다. □ 시라고 읽습니다.

개념확인 2 시계에 시각을 나타내세요.

(1)

2:00 ⇨

(2)

5:00 ⇨

3 시계를 보고 몇 시인지 쓰세요.

(1)  ☐ 시

(2) 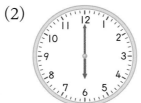 ☐ 시

4 그림을 보고 알맞은 시각은 몇 시인지 쓰세요.

(1)

아침 식사를 한 시각
(   )

(2)

축구를 한 시각
(   )

5 시계에 시각을 나타내세요.

(1)

(2)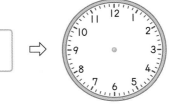

(3)

(4)

개념 **1** 몇 시 30분 알아보기

🖐 빈칸의 글자를 따라 써 보세요.

짧은바늘이 **9와 10의 가운데**, **긴바늘**이 **6**을

가리킬 때 시계는 9 시 30 분 을 나타냅니다.

아홉 시 삼십 분이라고 읽습니다.

9:30 ⇨ 9시 30분

앞은 '몇 시' 라고 읽어요.

뒤는 '몇 분' 이라고 읽어요.

9시 30분, 7시 30분 등을 시각이라고 해요.

개념 **2** 시계에 몇 시 30분 나타내기

7:30 ⇨

7시 30분은 **짧은바늘**이 **7과 8의**

가운데, **긴바늘**이 **6**을 가리키도록 나타냅니다.

개념확인 **1** 시계를 보고 □ 안에 알맞은 수를 써넣으세요.

짧은바늘이 **4와 5의 가운데**, 긴바늘이 □을/를

가리킬 때 시계는 □시 30분을 나타냅니다.

개념확인 **2** 시계에 시각을 나타내세요.

(1) **11:30** ⇨

(2) **3:30** ⇨

3 시계를 보고 몇 시 30분인지 쓰세요.

(1)

 □시 □분

(2)

 □시 □분

4 그림을 보고 알맞은 시각은 몇 시 30분인지 쓰세요.

(1)

피아노를 친 시각

(   )

(2)

줄넘기를 한 시각

(   )

5 시계에 시각을 나타내세요.

(1)

5시 30분 ⇨

(2)

8시 30분 ⇨

(3)

 ⇨

(4)

 ⇨

1 시계를 보고 **시각을** 쓰세요.

(1)　　　　　　　(2)

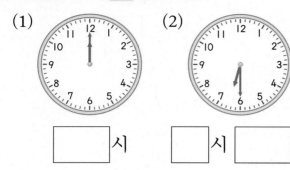

$\boxed{}$ 시　　$\boxed{}$ 시 $\boxed{}$ 분

2 **9시 30분을 나타내는 시계**에 ◯표 하세요.

(　　　　) (　　　　) (　　　　)

중요
③ **같은 시각**끼리 이으세요.

4 시계를 보고 **시각을 바르게 읽은 사람**의 이름을 쓰세요.

- 진형: 1시 30분
- 동규: 12시 30분
- 은솔: 6시 30분

(　　　　　　　　)

5 **시곗바늘을** 그려 넣고 **시각을** 쓰세요.

> 짧은바늘 ⇨ 10과 11의 가운데
> 긴바늘　 ⇨ 6

시곗바늘도 그리고
시각도 쓰세요.

시각 _____

6 시곗바늘이 **잘못** 그려진 시계를 찾아 △표 하세요.

(　　　) (　　　) (　　　)

혜은이의 하루 일과 중 일부분을 나타낸 것입니다. 물음에 답하세요. (7~9)

수업을 들었습니다.

영화를 관람했습니다.

6시에 학원에 갔습니다.

텔레비전을 봤습니다.

7 혜은이는 **몇 시에 수업**을 들었을까요?

(   )

8 혜은이가 **텔레비전을 본 시각**을 쓰세요.

(   )

9 혜은이가 다음 **활동을 한 시각**을 시계에 나타내세요.

영화를 관람한 시각

학원에 간 시각

짧은바늘과 긴바늘을 모두 나타내세요.

지민이의 계획표를 보고 시각에 알맞게 시곗바늘을 그리세요. (10~12)

계획표

- 발레하기: 11시 30분
- 점심 먹기: 1시
- 수영하기: 3시
- 공부하기: 5시 30분

10 연결

→ 수영하기

11 연결

→ 발레하기

12 연결

→ 공부하기

3
단원

진도 완료
체크

1 ❷보기의 모양 조각을 모두 이용하여 모양을 만들지 <u>않은</u> 사람은 누구인지 알아보세요.

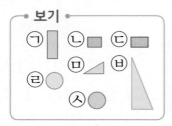

정수

연아

풀이

❶ 연아는 ㉠~㉯을 모두 이용했습니다.

정수는 ㉠~㉯ 중 [ ]을 이용하지 않았습니다.

❷ 따라서 **보기**의 모양 조각을 모두 이용하여 모양을 만들지 않은 사람은

[ ]입니다.

답 [ ]

2 ❶진희와 주영이가 *하교 후 도서관에 도착한 시각을 나타낸 것입니다. 도서관에 ❷더 일찍 도착한 사람은 누구인지 알아보세요.

진희   주영

＊하교: 공부를 끝내고 학교에서 집으로 돌아옴.

풀이

❶ 진희와 주영이가 도착한 시각을 각각 구하세요.

진희가 도착한 시각: [ ]시 [ ]분

주영이가 도착한 시각: [ ]시 [ ]분

❷ 따라서 도서관에 더 일찍 도착한 사람은 [ ]입니다.

답 [ ]

3 성수가 만든 모양에서  ❶▲ 모양은 ❷■ 모양보다 ❸**몇 개 더 많은지** 알아보세요.

모양을 만들었어.

성수

꽃 모양 이구나.

지혜

풀이

❶ ▲ 모양은 ☐ 개입니다.

❷ ■ 모양은 ☐ 개입니다.

❸ ▲ 모양은 ■ 모양보다 ☐ 개 더 많습니다.

답 ☐ 개

 쌍둥이 문제

4 다음 모양에서 ❶■ 모양은 ❷▲ 모양보다 ❸**몇 개 더 많은지** 풀이 과정을 쓰고 답을 구하세요.

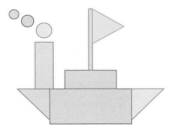

풀이

❶

❷

❸

답

1 다음과 같이 본떴을 때 나오는 모양을 찾아 ○표 하세요.

(⬛ , 🔺 , 🔴)

2 □ 안에 알맞은 수를 써넣으세요.

10시일 때 시계의 짧은바늘은 □, 긴바늘은 □을/를 가리킵니다.

3 왼쪽과 같은 모양을 모두 찾아 색칠하세요.

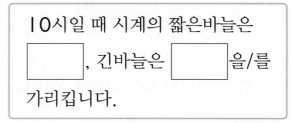

4 2시 30분을 나타내는 시계는 어느 것일까요? (　　　)

① 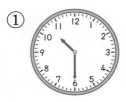　②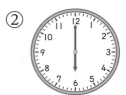

③ 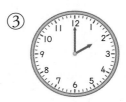　④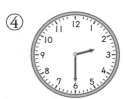

⑤

5 모양 조각 중 ⬛ 모양은 몇 개일까요?

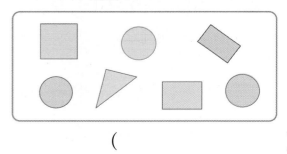

(　　　　　　)

6 ⬛ , 🔺 , 🔴 모양 중 다음에서 설명하는 모양은 어떤 모양일까요?

• 뾰족한 부분이 없습니다.
• 병뚜껑에서 같은 모양을 찾을 수 있습니다.

□ 모양

7 색종이를 그림과 같이 점선을 따라 모두 자르면 어떤 모양이 몇 개 생길까요?

모양, (   )

8 그림을 보고 알맞게 말한 것을 모두 찾아 기호를 쓰세요.

⊙ ■ 모양이 5개 있습니다.

⊙ ■, ▲, ● 모양 중에서 ▲ 모양이 가장 적습니다.

⊙ ▲ 모양이 4개 있습니다.

⊙ ■, ▲, ● 모양 중에서 가장 많이 있는 모양은 ■ 모양입니다.

(   )

9 수지는 가족과 함께 바닷가에 놀러갔습니다. 집에서 8시 30분에 출발하여 바닷가에 11시에 도착했습니다. 집에서 출발한 시각과 바닷가에 도착한 시각을 시계에 나타내세요.

출발 시각   도착 시각

10 그림을 보고 ● 모양은 ■ 모양보다 몇 개 더 많은지 답을 구하세요.

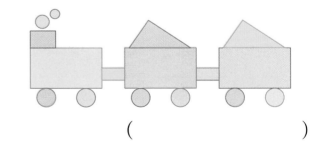

(   )

3 단원

1 시계를 보고 시각을 쓰세요.

(   )

2 모양인 물건은 어느 것일까요?

(   )

①   ② 11:30

③   ④

⑤

3 모양 조각 중 △ 모양은 몇 개일까요?

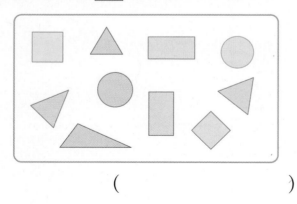

(   )

4 관계있는 것끼리 이으세요.

뾰족한 부분이
3군데입니다. •

 •

뾰족한 부분이
4군데입니다. •

 •

뾰족한 부분이
없습니다. •

 •

5 같은 모양이 <u>아닌</u> 것에 ○표 하세요.

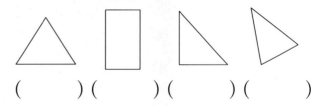

(   ) (   ) (   ) (   )

6 시계의 짧은바늘이 6을 가리키는 시각은
어느 것일까요? (   )

① 5시   ② 5시 30분

③ 6시   ④ 6시 30분

⑤ 7시

7 보기의 모양 조각을 모두 사용하여 꾸밀 수 있는 모양의 기호를 쓰세요.

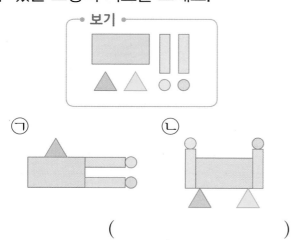

（　　　　　　　　）

8 ▨, ▲, ◯ 모양을 이용하여 기차를 만들었습니다. 가장 적게 이용한 모양을 그리세요.

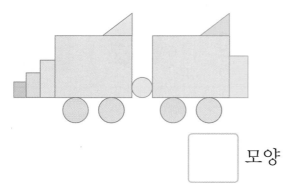

　모양

9 시계의 짧은바늘과 긴바늘이 같은 숫자를 가리키는 시각을 시계에 나타내세요.

서술형 문제

10 ▨, ▲, ◯ 모양으로 다음과 같은 모양을 만들었습니다. 가장 많이 이용한 모양과 가장 적게 이용한 모양의 수의 차는 몇 개인지 풀이 과정을 쓰고 답을 구하세요.

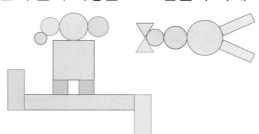

풀이 _____

_____

_____

_____

답 _____

창의융합 + 실력UP

동영상 학습

1 헨젤과 그레텔은 보물을 상자 세 개에 나누어 담으려고 합니다. 상자에 그려진 모양과 같은 모양의 보물 붙임딱지를 상자에 알맞게 붙이세요. 붙임딱지 사용

2 표지판의 모양이 같은 것끼리 모아 붙임딱지를 붙이세요. 붙임딱지 사용

■	
▲	
●	

3 같은 시각을 나타내는 붙임딱지를 찾아 각 카드의 아래 카드에 붙이세요. 붙임딱지 사용

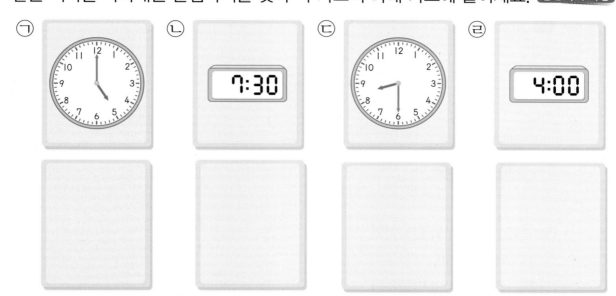

4 주어진 것을 모두 사용하여 만든 모양을 찾아 붙임딱지를 이용하여 붙이세요. 붙임딱지 사용

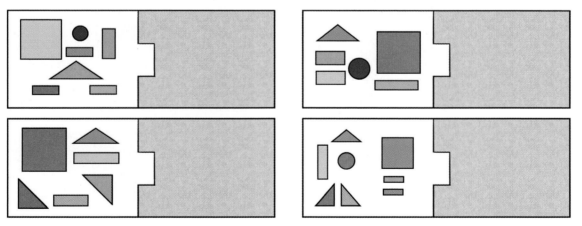

4 덧셈과 뺄셈 (2)

1학년

- (몇)+(몇)=(십몇)의 덧셈하기
- 여러 가지 덧셈하기
- (십몇)−(몇)=(십)의 뺄셈하기
- (십몇)−(몇)=(몇)의 뺄셈하기
- 여러 가지 뺄셈하기

2학년

- 받아올림, 받아내림이 있는 두 자리 수의 덧셈과 뺄셈
- 곱셈구구

3~6학년

- 세 자리 수의 덧셈과 뺄셈
- 분수의 덧셈과 뺄셈
- 소수의 덧셈과 뺄셈
- 분수의 곱셈과 나눗셈
- 소수의 곱셈과 나눗셈

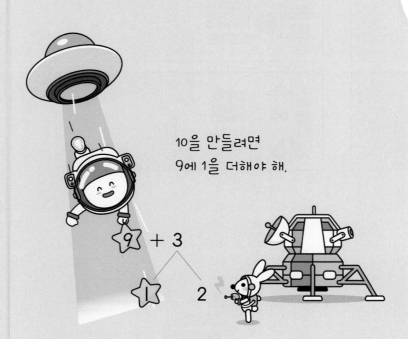

10을 만들려면
9에 1을 더해야 해.

9 + 3
    1 2

이번 단원을 공부하기 전에 알고 있는지 확인하세요.

1 코끼리가 모두 몇 마리인지 덧셈식을 쓰세요.

$$\boxed{} + \boxed{} + \boxed{} = \boxed{}$$

2 보기와 같이 합이 10인 두 수를 먼저 계산하여 세 수의 덧셈을 하세요.

┌ 보기 ┐

$$5+4+6=15$$
$$10$$
$$15$$

(1) $4+5+5$ (2) $2+7+3$

3 보기와 같이 세 수의 뺄셈을 하세요.

┌ 보기 ┐

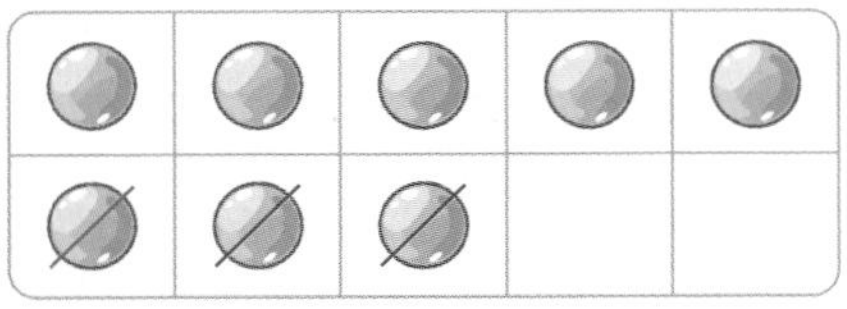

$$8-2-1=5$$

(1)

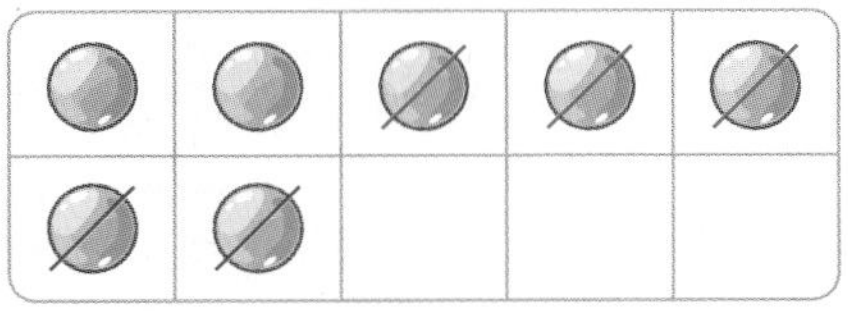

$$7-2-3=\boxed{}$$

(2)

$$9-3-3=\boxed{}$$

4
단원

누가 더 많이 먹었지?

개념 1 이어 세기로 구하기

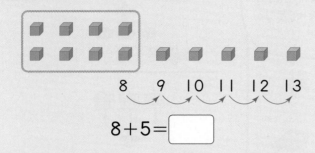

8   9   10   11   12   13

$8+5=\boxed{}$

개념 2 십 배열판을 이용하여 구하기

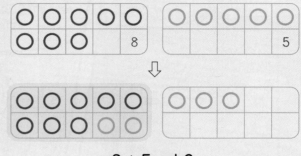

$8+5=13$

개념 3 구슬을 옮겨 구하기

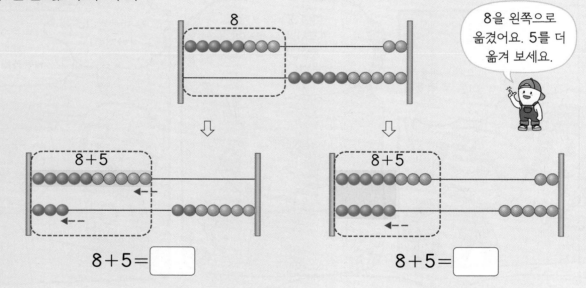

8을 왼쪽으로 옮겼어요. 5를 더 옮겨 보세요.

$8+5=\boxed{}$ $8+5=\boxed{}$

정답 13, 13, 13

개념확인 **1** 그림을 보고 덧셈을 하세요.

(1)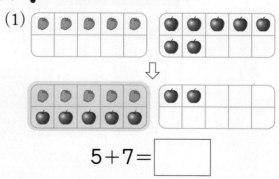

$5+7=\boxed{}$

(2)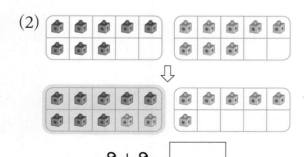

$8+8=\boxed{}$

2 펭귄이 모두 몇 마리인지 이어 세기로 구하세요.

$7+4=$ ▢

3 88쪽 개념 **2** 와 같게 ○를 그려 넣고 ▢ 안에 알맞은 수를 써넣으세요.

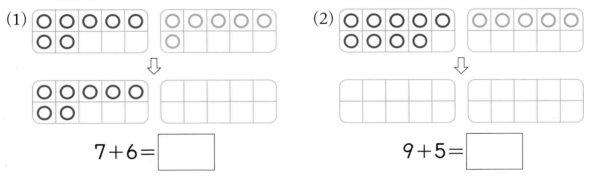

(1) $7+6=$ ▢

(2) $9+5=$ ▢

4 그림을 보고 ▢ 안에 알맞은 수를 써넣으세요.

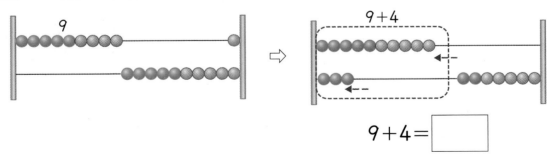

$9+4=$ ▢

5 합이 같도록 빈 곳에 점을 그리고 ▢ 안에 알맞은 수를 써넣으세요.

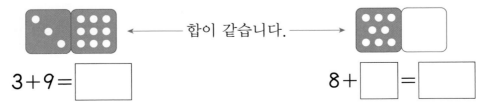

─── 합이 같습니다. ───

$3+9=$ ▢

$8+$ ▢ $=$ ▢

1단계 교과서 개념 덧셈하기

개념 1 더하는 수를 가르기하여 구하기

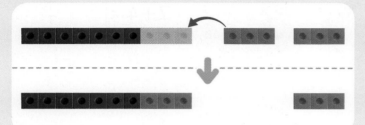

$7+6=13$

3

 7과 더하여 10을 만들기 위해 6을 가르기 하는 방법입니다.

개념 2 더해지는 수를 가르기하여 구하기

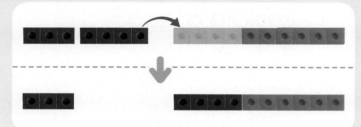

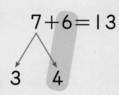

$7+6=13$

3   4

 6과 더하여 10을 만들기 위해 7을 가르기 하는 방법입니다.

개념 3 두 수를 모두 5와 몇으로 가르기하여 구하기

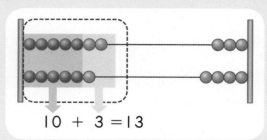

$10 + 3 = 13$

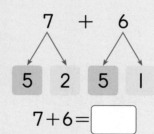

7   +   6

5 2   5 1

$7+6=$ ☐

 7과 6을 각각 5와 몇으로 가르기하여 구하는 방법입니다.

정답 3, 13

개념확인 1 그림을 보고 덧셈을 하세요.

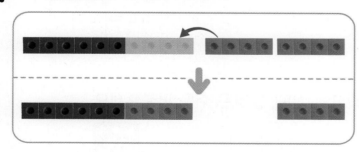

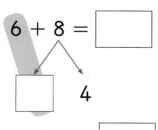

$6 + 8 =$ ☐

☐   4

⇨ $6+8=$ ☐

90 • 우등생 수학 1-2

2 3+8을 두 가지 방법으로 계산하세요.

(1) 3 + 8 = ☐

☐   l

(2) 3 + 8 = ☐

l   ☐

3 ☐ 안에 알맞은 수를 써넣으세요.

(1)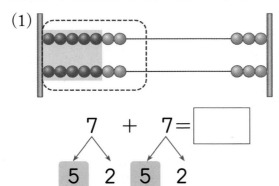

7 + 7 = ☐

5   2   5   2

(2)

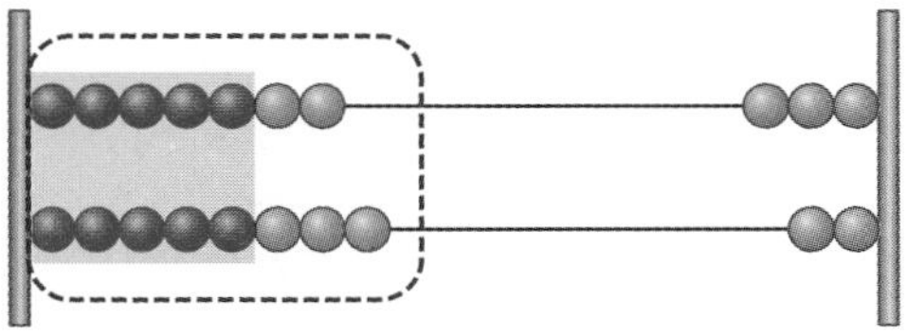

7 + 8 = ☐

5   2   5   3

4 ☐ 안에 알맞은 수를 써넣으세요.

(1) 4 + 9 = ☐

☐   3

(2) 5 + 7 = ☐

2   ☐

(3) 9 + 9 = ☐

☐   8

(4) 8 + 8 = ☐

6   ☐

5 덧셈을 하세요.

(1) 4+8= ☐

(2) 9+2= ☐

개념 1 규칙이 있는 덧셈

$7 + 6 = 13$
$7 + 7 = 14$
$7 + 8 = 15$
$7 + 9 = 16$

합도 l씩 커집니다.

l씩 커짐

$8 + 8 = 16$
$7 + 8 = 15$
$6 + 8 = 14$
$5 + 8 = 13$

합도 l씩 작아집니다.

l씩 작아짐

개념 2 두 수의 위치를 바꾸어 더하기

$7 + 8 = 15$ $9 + 5 = \boxed{}$

$8 + 7 = 15$ $5 + 9 = \boxed{}$

두 수의 위치가 바뀌어도 합이 같습니다.

정답 · ㄱ, ㄱ

개념확인 **1**   그림을 보고 □ 안에 알맞은 수를 써넣으세요.

$8+2=\boxed{}$

더하는 수가 l씩 커지고 있어요.

$8+3=\boxed{}$

$8+4=\boxed{}$

2 덧셈을 하세요.

(1)
6+5=11
6+6=☐
6+7=☐

(2)
6+9=15
5+9=☐
4+9=☐

3 두 수의 위치를 바꾸어 덧셈을 하세요.

(1)
5+9=☐
9+5=☐

(2)
7+4=☐
4+7=☐

4 빈칸에 알맞은 수를 써넣으세요.

(1)

7+4	7+5	7+6
11	12	
8+4	8+5	8+6
12		14
9+4	9+5	9+6
	14	15

(2)

4+7	4+8	4+9
11	12	
5+7	5+8	5+9
		14
6+7	6+8	6+9
13	14	15

5 표에서 알맞은 덧셈을 찾아 표시하세요.

⑨+5				
9+6	8+6			
9+7	8+7	7+7		
9+8	8+8	7+8	6+8	
9+9	9+8	7+9	6+9	5+9

(1) 9+5와 합이 같은 덧셈을 모두 찾아 ○표 하세요.

(2) 7+9와 합이 같은 덧셈을 모두 찾아 △표 하세요.

1 그림을 보고 **덧셈**을 하세요.

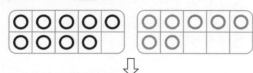

$9 + 7 = \boxed{}$

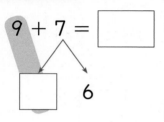

6

중요
2 □ 안에 **알맞은 수**를 써넣으세요.

(1) $8 + 6 = \boxed{}$

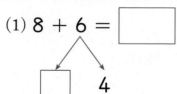

4

(2) $4 + 9 = \boxed{}$

3 $\boxed{}$

3 덧셈을 하세요.

(1) $9 + 5 = \boxed{}$

(2) $8 + 8 = \boxed{}$

4 덧셈을 하세요.

$$5 + 7 = 12$$
$$6 + 7 = \boxed{}$$
$$7 + 7 = \boxed{}$$
$$8 + 7 = \boxed{}$$

5 합이 **13**인 덧셈에 ○표 하세요.

$9 + 6$	$8 + 6$	$5 + 8$
( )	( )	( )

6 계산 결과를 찾아 이으세요.

$6 + 6$ •   • 14

$9 + 4$ •   • 12

$6 + 8$ •   • 13

7 계산 결과를 비교하여 ○ 안에 >, =, < 를 알맞게 써넣으세요.

$$7 + 6 \bigcirc 3 + 9$$

>> 정답 21쪽

8 두 수의 **합이 작은 것부터** 차례대로 점을 이으세요.

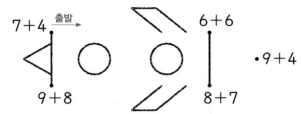

중요
9 서술형 문제
서윤이는 동화책을 어제는 5쪽 읽고, 오늘은 8쪽 읽었습니다. 서윤이가 **어제와 오늘 읽은 동화책은 모두 몇 쪽**인지 덧셈식을 쓰고 답을 구하세요.

식 _____

답 _____

10 은지가 **타일을 8개** 붙인 다음 **타일을 더 붙여** 빈칸을 모두 채웠습니다. 물음에 답하세요.

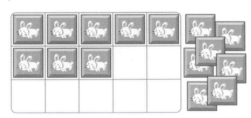

(1) 빈칸을 모두 채우려면 몇 개의 타일을 더 붙여야 할까요?

(   )

단위(개)도 써야 해요.

(2) 은지가 붙인 타일은 모두 몇 개인지 알아보세요.

☐ + ☐ = ☐ (개)

수학 역량 키우기 문제

11 합이 같은 식을 찾아 **보기**와 같이 ○, △, ☐표 하세요.
연결

12 네 장의 수 카드 중에서 두 장을 골라 합이 가장 작은 덧셈을 나타내고 합을 구하세요.
추론

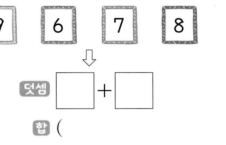

덧셈 ☐ + ☐

합 (   )

13 나무 도막으로 만든 것을 보고 ☐ 안에 알맞은 말을 써넣으세요.
문제 해결

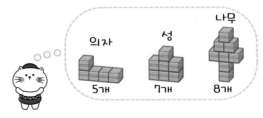

나무 도막 13개를 모두 사용하여

☐ 와/과 ☐ 을/를 만들 수 있어요.

뺄셈 알아보기

개념 1 **빼고 남은 수 구하기**

• 거꾸로 세어 구하기

8 9 10 11 12

$12 - 4 = 8$

> 12에서 거꾸로 4번 세면 8입니다.

• 구슬을 옮겨 구하기

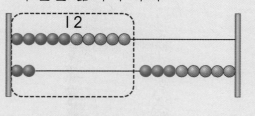 ⇨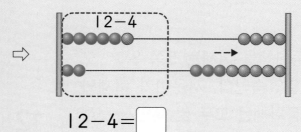

$12 - 4 = \boxed{}$

개념 2 **두 수의 차 구하기**

• 하나씩 짝 지어 구하기

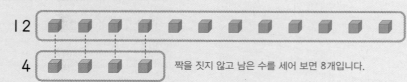

$12 - 4 = 8$

짝을 짓지 않고 남은 수를 세어 보면 8개입니다.

• 연결 모형을 이용하여 구하기

8개만큼 차이가 납니다.

$12 - 4 = \boxed{}$

정답 8, 8

개념확인 **1** 그림을 보고 뺄셈을 하세요.

(1)

$14 - 6 = \boxed{}$

(2)

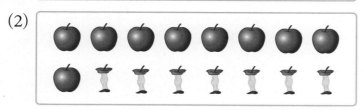

$16 - 7 = \boxed{}$

2 그림을 보고 □ 안에 알맞은 수를 써넣으세요.

(1) 12
5

$12-5=$ □

(2) 13
4

$13-4=$ □

3 그림을 보고 □ 안에 알맞은 수를 써넣으세요.

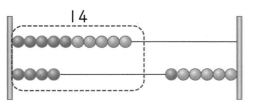

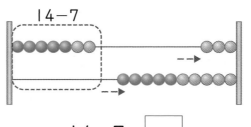

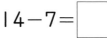

$14-7=$ □

4 케이크가 쿠키보다 몇 개 더 많은지 구하세요.

식 □ − □ = □

답 _____

5 다음을 보고, □ 안에 알맞은 수를 써넣으세요.

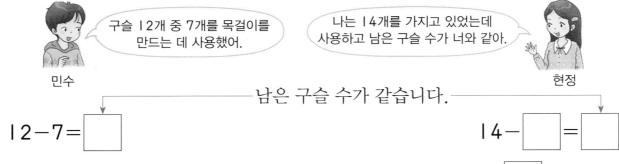

민수   현정

━━━ 남은 구슬 수가 같습니다. ━━━

$12-7=$ □ $14-$ □ $=$ □

⇨ 현정이가 사용한 구슬은 □ 개입니다.

개념 1 결과가 10인 (십몇)−(몇)

$$13-3$$
$$10 \quad 3$$
$$\Rightarrow 13-3=\boxed{}$$

개념 2 빼는 수를 가르기하여 구하기

3을 빼고,

6을 뺍니다.

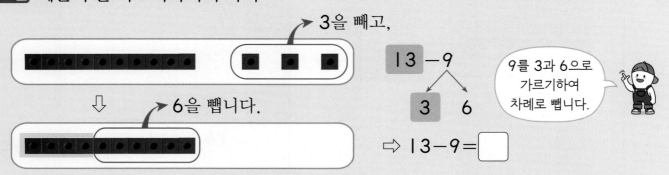

$$13-9$$
$$3 \quad 6$$

9를 3과 6으로 가르기하여 차례로 뺍니다.

$$\Rightarrow 13-9=\boxed{}$$

개념 3 빼지는 수를 가르기하여 구하기

9를 뺍니다.

$$13-9$$
$$10 \quad 3$$

13을 10과 3으로 가르기하여 10에서 9를 한 번에 뺍니다.

$$\Rightarrow 13-9=4$$

정답 10, 4

개념확인 1 그림을 보고 뺄셈을 하세요.

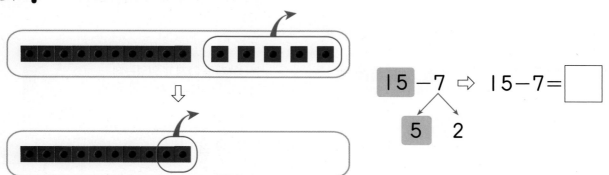

$$15-7 \Rightarrow 15-7=\boxed{}$$
$$5 \quad 2$$

2 뺄셈을 하세요.

(1) $17 - 7 =$ ☐

(2) $14 - 4 =$ ☐

3 $14 - 8$을 두 가지 방법으로 계산하세요.

(1)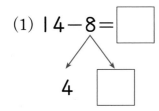

(2) $14 - 8 =$ ☐
　　　　10 ☐

4 단원

4 그림을 보고 ☐ 안에 알맞은 수를 써넣으세요.

(1) $11 - 5 =$ ☐
　　☐ 4

(2)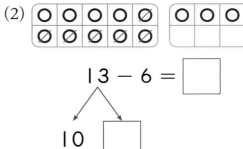

$13 - 6 =$ ☐
　　10 ☐

5 알맞게 가르기하여 뺄셈을 하세요.

(1) $17 - 9 =$ ☐
　　7 ☐

(2) $13 - 8 =$ ☐
　　3 ☐

(3)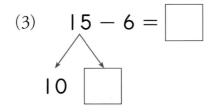

$15 - 6 =$ ☐
　　10 ☐

(4) $12 - 7 =$ ☐
　　10 ☐

여러 가지 뺄셈하기

개념1 규칙이 있는 뺄셈

12 − 4 = 8
12 − 5 = 7
12 − 6 = 6
12 − 7 = 5

차는 1씩 작아집니다.

1씩 커짐

11 − 6 = 5
12 − 6 = 6
13 − 6 = 7
14 − 6 = 8

차는 □씩 커집니다.

1씩 커짐

개념2 차가 같은 뺄셈

13 − 5 = 8
14 − 6 = 8
15 − 7 = 8
16 − 8 = 8

차는 항상 똑같습니다.

1씩 커짐 1씩 커짐

빼지는 수와 빼는 수가 각각 1씩 커지면 차는 항상 똑같아요!

| 요점

개념확인 **1** □ 안에 알맞은 수를 써넣으세요.

11−4=7
12−5=7
13−6=□
14−7=□

1씩 커지는 수에서 □씩 커지는 수를 빼면 차는 항상 똑같습니다.

빼지는 수와 빼는 수가 모두 1씩 커지고 있어요.

2 뺄셈을 하세요.

(1)
$$13-6=7$$
$$13-7=\boxed{}$$
$$13-8=\boxed{}$$
$$13-9=\boxed{}$$

(2)
$$13-7=6$$
$$14-7=\boxed{}$$
$$15-7=\boxed{}$$
$$16-7=\boxed{}$$

3 뺄셈을 하세요.

(1)
$$14-7=\boxed{}$$
$$15-8=\boxed{}$$
$$16-9=\boxed{}$$

(2)
$$15-7=\boxed{}$$
$$16-8=\boxed{}$$
$$17-9=\boxed{}$$

4 빈칸에 알맞은 수를 써넣으세요.

(1)

11-2 9	11-3	11-4	11-5
	12-3 9	12-4 8	12-5 7
		13-4 9	13-5 8
			14-5 9

(2)

14-5 9	14-6 8	14-7 7	14-8 6
	15-6	15-7 8	15-8 7
		16-7	16-8 8
			17-8

5 수 카드 3장으로 서로 다른 뺄셈식을 만들어 보세요.

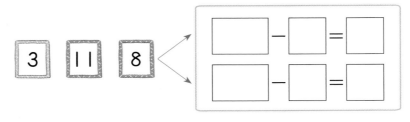

중요

1 □ 안에 **알맞은 수를** 써넣으세요.

(1) $14 - 7 = \boxed{}$

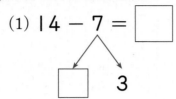

(2) $16 - 9 = \boxed{}$

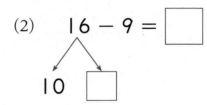

2 **뺄셈을** 하세요.

(1) $15 - 8 = \boxed{}$

(2) $12 - 4 = \boxed{}$

3 **뺄셈을** 하세요.

$$11 - 9 = 2$$
$$11 - 8 = \boxed{}$$
$$11 - 7 = \boxed{}$$
$$11 - 6 = \boxed{}$$

4 두 수의 **차가 큰 것부터 차례대로** 점을 이으세요.

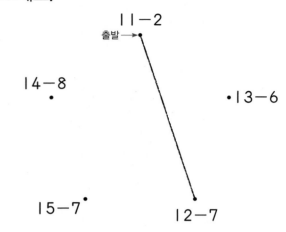

5 차가 8이 되도록 □ 안에 알맞은 수를 써넣으세요.

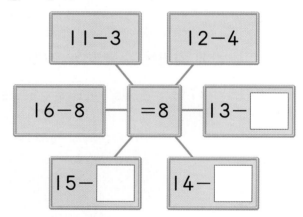

6 **계산 결과가 가장 큰 것을** 찾아 기호를 쓰세요.

| ㉠ $11 - 4$ | ㉡ $15 - 9$ |
| ㉢ $13 - 8$ | ㉣ $12 - 3$ |

(   )

기호를 찾아서 쓰세요.

7 옆으로 **뺄셈식이 되는 세 수를** 찾아  표 하세요.

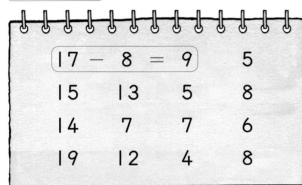

| 17 | − | 8 | = | 9 | 5 |

15　13　5　8
14　7　7　6
19　12　4　8

8 카드에 적힌 두 수의 **차가 큰 사람이 이기는 놀이를** 하였습니다. **이긴 사람은** 누구일까요?

건우

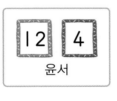
윤서

(　　　　　　　　　　)

중요
9 ★서술형 문제★ 주차장에 자동차가 13대 있었습니다. 그중 6대가 빠져나갔다면 주차장에 **남아 있는 자동차는** 몇 대인지 뺄셈식을 쓰고 답을 구하세요.

식 _____

답 _____

수학 **역량** 키우기 문제

10 같은 색 열기구에서 수를 골라 뺄셈식을 완성하세요.
문제해결

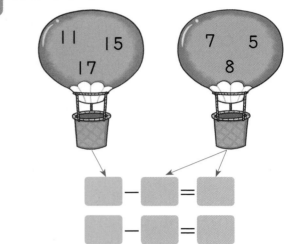

□ − □ = □

□ − □ = □

4 단원
진도 완료 체크

11 수 카드 두 장을 골라 차가 가장 큰 뺄셈으로 나타내고 차를 구하세요.
추론

| 11 | 14 | 8 | 5 |

⇩

뺄셈 □ − □

차 (　　　　　　　　　　)

12 차가 같은 식을 찾아 **보기와** 같이 ○, △, □표 하세요.
연결

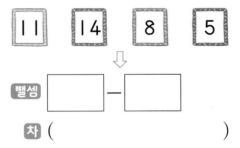

보기
11−2　　14−6　　15−9

11−3　　13−7　　14−8
15−7　　16−8　　15−6
12−4　　18−9　　16−7

1 ❶온유는 사탕 3개와 초콜릿 9개를, ❷승현이는 사탕 6개와 초콜릿 8개를 가지고 있습니다. ❸사탕과 초콜릿 수의 합이 더 큰 사람은 누구인지 알아보세요.

풀이

❶ 사탕과 초콜릿을 온유는 3+9= ☐ (개) 가지고 있고,

❷ 승현이는 6+8= ☐ (개) 가지고 있습니다.

❸ ☐ < ☐ 이므로 사탕과 초콜릿 수의 합이 더 큰 사람은

☐ 입니다.

답 ☐

2 성수와 지혜는 각각 고리를❶14개씩 던져 성수는 7개, 지혜는❷9개를 기둥에 걸었습니다. ❸성수와 지혜가 기둥에 걸지 못한 고리는 모두 몇 개인지 알아보세요.

풀이

❶ 성수가 기둥에 걸지 못한 고리는 14- ☐ = ☐ (개)이고,

❷ 지혜가 기둥에 걸지 못한 고리는 14- ☐ = ☐ (개)입니다.

❸ 따라서 성수와 지혜가 기둥에 걸지 못한 고리는 모두

☐ + ☐ = ☐ (개)입니다.

답 ☐ 개

3 일주일 동안 우유를[●]아빠는 9컵 마셨고 지혜는 아빠보다 4컵 더 적게 마셨습니다.^❷ 아빠와 지혜가 마신 우유는 모두 몇 컵인지 알아보세요.

풀이

❶ 아빠가 마신 우유는 9컵이고,

지혜가 마신 우유는 9 − ▢ = ▢ (컵)입니다.

❷ 따라서 두 사람이 마신 우유는 모두

▢ + ▢ = ▢ (컵)입니다.

답 ▢ 컵

4 공책을[●]혜민이는 8권 가지고 있고 안나는 혜민이보다 5권 더 적게 가지고 있습니다.^❷ 혜민이와 안나가 가지고 있는 공책은 모두 몇 권인지 풀이 과정을 쓰고 답을 구하세요.

풀이

❶ _____

_____

❷ _____

_____

답 _____

1 그림을 보고 덧셈을 하세요.

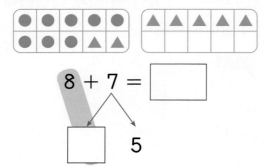

$$8 + 7 = \boxed{}$$

5

2 계산을 하세요.

(1) $7+9=\boxed{}$

(2) $15-6=\boxed{}$

3 □ 안에 알맞은 수를 써넣으세요.

$$11-5=6$$
$$11-6=5$$
$$11-7=\boxed{}$$
$$11-8=\boxed{}$$

11에서 $\boxed{}$ 씩 커지는 수를 빼면
차는 1씩 작아집니다.

4 차가 6인 뺄셈을 모두 찾아 ○표 하세요

$14-8$	$16-9$
( )	( )
$15-7$	$12-6$
( )	( )

5 빈칸에 알맞은 수를 써넣으세요.

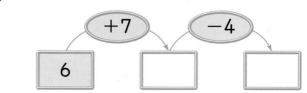

$+7$ -4

6

6 빈칸에 알맞은 수를 써넣으세요.

$13-6$	$13-7$	$13-8$	$13-9$
7	6	5	4
	$14-7$	$14-8$	$14-9$
		6	5
		$15-8$	$15-9$
			6
			$16-9$

>> 정답 24쪽

7 수 카드 중 3장을 골라 ☐ 안에 써넣어 덧셈식을 완성하세요.

6	7	8	15

☐ + ☐ = ☐

8 세희는 문제집을 아침에는 5쪽, 저녁에는 8쪽 풀었습니다. 세희가 아침과 저녁에 푼 문제집은 모두 몇 쪽일까요?

아침에는 5쪽, 저녁에는 8쪽 풀었어.

세희

(   )

9 구슬을 하정이는 14개 가지고 있고, 진수는 8개 가지고 있습니다. 하정이는 진수보다 구슬을 몇 개 더 가지고 있을까요?

(   )

서술형 문제

10 성중이는 딸기 7개와 바나나 6개를 먹었고, 유진이는 딸기 9개와 바나나 5개를 먹었습니다. 먹은 과일 수의 합이 누가 더 큰지 풀이 과정을 쓰고 답을 구하세요.

풀이

답

4
단원

1 그림을 보고 뺄셈을 하세요.

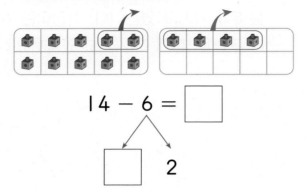

$14 - 6 = \boxed{}$

$\boxed{}$ 2

2 □ 안에 알맞은 수를 써넣으세요.

(1) $9 + 5 = \boxed{}$

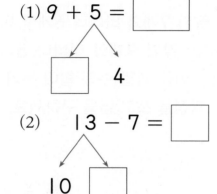

$\boxed{}$ 4

(2) $13 - 7 = \boxed{}$

10   $\boxed{}$

3 □ 안에 알맞은 수를 써넣으세요.

$15 - 6 = 9$

$16 - 7 = \boxed{}$

$17 - 8 = \boxed{}$

4 계산 결과를 찾아 이으세요.

$8 + 5$ •   • 11

$7 + 4$ •   • 12

$9 + 3$ •   • 13

5 계산 결과를 비교하여 ○ 안에 >, =, < 를 알맞게 써넣으세요.

$13 - 4 \bigcirc 15 - 7$

6 같은 색의 나비끼리 합을 구하여 나비와 같은 색의 꽃에 써넣으세요.

7 두 수의 합을 구한 뒤 그 합에 해당하는 글자를 **보기**에서 찾아 쓰세요.

┌─ 보기 ─────────────────────┐
13	14	15	16	17	18
빵	림	단	크	팥	떡
└────────────────────────────┘

$7+8=$ ☐ ⇨ _____

$9+8=$ ☐ ⇨ _____

$4+9=$ ☐ ⇨ _____

8 준이가 9개의 타일을 붙였습니다. 빈칸을 모두 채우려면 몇 개의 타일을 더 붙여야 하는지 구하고, 타일을 모두 붙였을 때 타일은 모두 몇 개인지 구하는 덧셈식을 쓰세요.

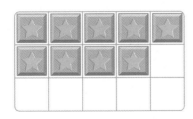

더 붙여야 하는 타일 (_____)

덧셈식 _____

서술형 문제

9 별 모양 쿠키가 14개, 달 모양 쿠키가 5개 있습니다. 별 모양 쿠키는 달 모양 쿠키보다 몇 개 더 많은지 풀이 과정을 쓰고 답을 구하세요.

풀이 _____

_____

_____

_____

답 _____

10 다음 조건을 만족하는 ■, ▲, ● 중 가장 큰 수와 가장 작은 수의 차를 구하세요.

$4+8=$■
■$-7=$▲
▲$+6=$●

(_____)

창의융합 + 실력UP

1 진수가 지나가야 하는 칸에 모두 발자국 붙임딱지를 붙이고, 보물 상자가 있는 곳에는 보물 상자 붙임딱지를 붙이세요. 붙임딱지 사용

> **진수가 지나가야 하는 칸**
> 오른쪽으로 (11−9)칸 ⇨ 아래쪽으로 (11−8)칸
> ⇨ 오른쪽으로 (13−8)칸 ⇨ 아래쪽으로 (10−8)칸

2 계산 결과가 쓰여 있는 붙임딱지를 붙여 크리스마스 트리를 꾸미세요. 붙임딱지 사용

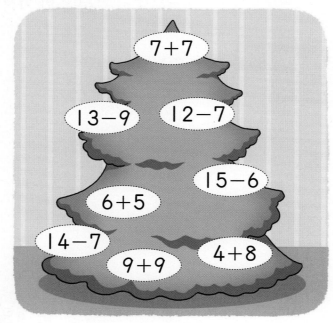

3 두 물고기에 쓰여 있는 수의 합이 배에 쓰여 있는 수가 되도록 알맞은 물고기 붙임딱지를 그물에 붙이세요. 붙임딱지 사용

4 개구리 7마리와 다람쥐 9마리가 겨울잠을 자기 위해 땅 속에 굴을 팠습니다. 겨울잠을 잘 준비를 하는 동물들은 모두 몇 마리인지 덧셈식을 쓰고 답을 구하세요.

식 _____

답 _____

5 규칙 찾기

1학년

- 규칙 찾기
- 규칙 만들기
- 수 배열에서 규칙 찾기
- 규칙을 찾아 여러 가지 방법으로 나타내기

2학년

- 규칙 찾기

3~6학년

- 규칙 찾기

 두 동작이 반복되고 있어요.

1 ⬛ 모양에 모두 ◯표 하세요.

(   )   (   )   (   )   (   )

2 31부터 수를 순서대로 쓰려고 합니다. 빈칸에 알맞은 수를 써넣으세요.

31	32	33						39	
41					46	47	48	49	

3 ☐ 모양에는 빨간색, ◯ 모양에는 파란색을 칠하세요.

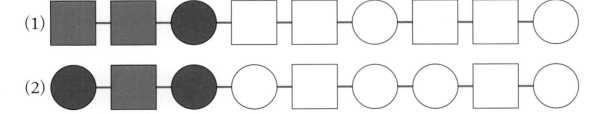

4 가장 큰 수에 ◯표 하세요.

(1) 35   70   53   (2) 29   80   81

규칙을 찾아라.

개념 1 규칙 찾기

• 건물 벽에 그려진 그림에는 **해 – 달** 모양이 반복되고 있습니다.

• 건물 주변 나무 모형은

큰 나무 – 작은 나무 – ☐ 나무가

반복되고 있습니다.

개념 2 규칙을 찾아 말하기

• 색깔을 보고 규칙 찾기

규칙 빨간색과 파란색이 반복됩니다.

• 방향을 보고 규칙 찾기

규칙 ↑ 와 ☐ 가 반복됩니다.

← '큰색, 오른쪽

개념확인 1 규칙을 찾아 빈칸에 알맞은 그림을 그리고 색칠하세요.

개념확인 2 규칙을 찾아 ☐ 안에 알맞은 말을 써넣으세요.

⬤ ⬤ ⬤ ⬤ ⬤ ⬤ ⬤ ⬤ ⬤ ⬤ ⬤ ⬤

규칙 노란색 – ☐ – 주황색이 반복되는 규칙입니다.

3 그림을 보고 물음에 답하세요.

(1) □ 안에 알맞은 모양을 그리고 색칠하세요.

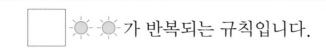

가 반복되는 규칙입니다.

(2) 규칙에 따라 빈칸에 알맞은 모양을 찾아 ○표 하세요.

4 규칙에 따라 빈칸에 알맞은 동물의 이름을 쓰세요.

→토끼   →돼지

(   )

5 규칙에 따라 빈칸에 알맞은 모양을 그리고 색칠하세요.

6 규칙을 바르게 설명한 것의 기호를 쓰세요.

㉠ 연필―지우개―연필이 반복됩니다.
㉡ 연필―지우개가 반복됩니다.

(   )

5. 규칙 찾기 • 117

개념 1 물건으로 규칙 만들기

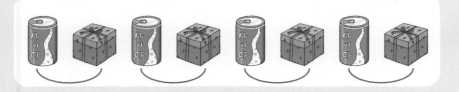 가 반복되는

규칙을 만들었습니다.

 가 반복되는

규칙을 만들었습니다.

개념 2 규칙을 만들어 무늬 꾸미기

첫째, 셋째 줄은 **빨간색**과 **노란색**이

반복되고,

둘째, 넷째 줄은 **노란색**과 **빨간색**이

반복되는 규칙으로 무늬를 꾸몄습니다.

개념확인 **1** 규칙에 따라 색칠하세요.

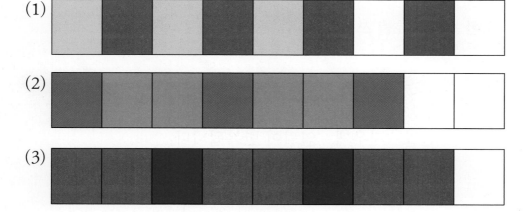

2 친구가 말한 규칙에 따라 놓을 때 빈칸에 알맞은 동물은 무엇인지 쓰세요.

(1) 나는 양, 닭, 양이 반복되는 규칙을 만들었어.

(2) 나는 소, 토끼, 토끼가 반복되는 규칙을 만들었어.

3 규칙에 따라 색칠하고 □ 안에 알맞은 색깔을 써넣으세요.

규칙 첫째 줄은 노란색과 [   ]이 반복되고, 둘째 줄은 파란색과 노란

색이 반복됩니다.

4 △, □ 모양으로 규칙을 만들어 구슬 팔찌를 꾸미고, 어떤 규칙으로 만들었는지 빈칸
에 알맞게 써넣으세요.

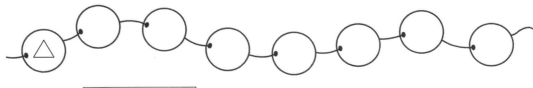

⇨ [   ]가 반복되는 규칙으로 만들었습니다.

1 규칙에 따라 ☐ 안에 알맞은 모양을 찾아 ◯표 하세요.

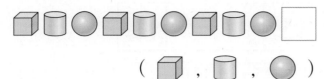

(☐ , ☐ , ◯)

중요
2 규칙에 따라 ☐ 안에 알맞은 동물을 찾아 ◯표 하세요.

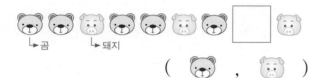

↳곰 ↳돼지

(🐻 , 🐷)

규칙에 따라 알맞게 색칠하세요. (3~4)

3

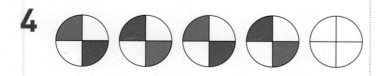

4

○ ○ ○ ○ ○

5 그림을 보고 **건물들의 규칙**을 쓴 것입니다. **알맞은 수**에 ◯표 하세요.

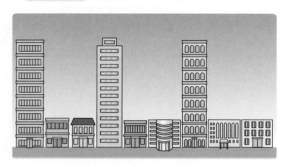

높은 건물 (1 , 2)채와 낮은 건물 (1 , 2)채가 반복되는 규칙입니다.

책꽂이에 책이 규칙에 따라 꽂혀 있습니다. 물음에 답하세요. (6~7)

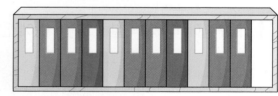

6 어떤 규칙으로 책이 꽂혀 있는지 ☐ 안에 알맞은 색깔을 써넣으세요.

노란색 — ☐

— ☐ — ☐

책이 반복되는 규칙으로 꽂혀 있습니다.

7 규칙에 따라 책꽂이의 **빈 곳에 꽂아야 할 책은 어떤 색깔**일까요?

( )

중요
8 신호등은 규칙에 따라 불이 켜집니다. **어떤 규칙으로 불이 켜지는지** 쓰세요.

규칙 _____

_____

9 석찬이는 지난주에 규칙에 따라 옷을 바꿔 입었습니다. **일요일에 석찬이가 입은 옷의 색깔을** 쓰세요.

월	화	수	목	금	토	일

(   )

10 규칙에 따라 빈칸에 들어갈 **펼친 손가락의 수의 합은 모두 몇 개인지** 구하세요.

(표)

(   )

단위(개)도 써야 해요.

11 규칙을 알맞게 말한 사람을 찾아 ○표 하세요.

추론

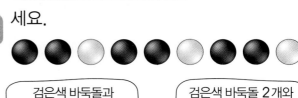

검은색 바둑돌과 흰색 바둑돌이 2개씩 반복되는 규칙이야.

나리

검은색 바둑돌 2개와 흰색 바둑돌 1개가 반복되는 규칙이야.

윤호

(   ) (   )

12 ○, ♡ 모양으로 **규칙을 만들어 무늬를 꾸며** 보세요.

문제해결

여러 가지 답이 나올 수 있어요.

13 보기와 같이 규칙을 만들고 주사위의 눈을 그리세요.

의사소통

┌ 보기 ┐

주사위의 눈의 수가 2, 6이 반복되도록 놓았어요.

주사위의 눈의 수가 [   ] , [   ] 이/가 반복되도록 놓았어요.

5
단원

1단계 교과서 **개념**

수 배열과 수 배열표에서 규칙 찾아보기

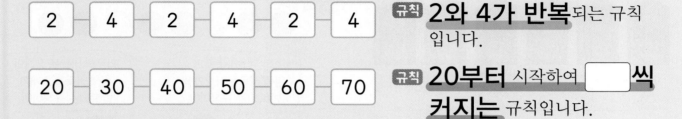

개념 1 수 배열에서 규칙 찾아보기

2 — 4 — 2 — 4 — 2 — 4

규칙 **2와 4가 반복**되는 규칙입니다.

20 — 30 — 40 — 50 — 60 — 70

규칙 **20부터** 시작하여 ☐**씩 커지는** 규칙입니다.

개념 2 수 배열표에서 규칙 찾아보기

1	2	3	4	5	6	7	8	9	10
11	12	13	14	15	16	17	18	19	20
21	22	23	24	25	26	27	28	29	30
31	32	33	34	35	36	37	38	39	40
41	42	43	44	45	46	47	48	49	50
51	52	53	54	55	56	57	58	59	60

━━ 에 있는 수는 21부터 시작하여 **오른쪽**으로 1칸 갈 때마다 ☐**씩** 커집니다.

━━ 에 있는 수는 4부터 시작하여 **아래쪽**으로 1칸 갈 때마다 **10씩** 커집니다.

1 '01 **답장**

개념확인 **1** 규칙에 따라 빈칸에 알맞은 수를 써넣으세요.

20 — 22 — 24 — 26 — 28 — 30 — ☐ — ☐

개념확인 **2** 규칙에 따라 색칠하세요.

21	22	23	24	25	26	27	28	29	30
31	32	33	34	35	36	37	38	39	40
41	42	43	44	45	46	47	48	49	50
51	52	53	54	55	56	57	58	59	60

3 규칙에 따라 빈칸에 알맞은 수를 써넣으세요.

(1)

5	9	5	9		9

(2)

99		97		95	94

4 색칠한 수의 규칙을 알아보고 □ 안에 알맞은 수를 써넣으세요.

1	2	3	4	5	6	7	8	9	10
11	12	13	14	15	16	17	18	19	20
21	22	23	24	25	26	27	28	29	30
31	32	33	34	35	36	37	38	39	40

규칙 3부터 시작하여 □ 씩 커집니다.

5 규칙에 따라 색칠하세요.

31	32	33	34	35	36	37	38	39	40
41	42	43	44	45	46	47	48	49	50
51	52	53	54	55	56	57	58	59	60
61	62	63	64	65	66	67	68	69	70

6 수 배열에서 규칙을 찾아 □ 안에 알맞은 수를 써넣으세요.

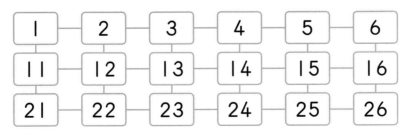

규칙 오른쪽으로는 1칸 갈 때마다 □ 씩 커지고,

아래쪽으로는 1칸 갈 때마다 □ 씩 커집니다.

개념 1 △, □, ○ 모양으로 규칙 나타내기

표지판의 테두리를 따라 그려 보면서 규칙을 △, □, ○ 모양으로 나타냅니다.

△	○	□	△	○	□

➡ △, ○, □ 모양이 반복됩니다.

개념 2 규칙을 찾아 여러 가지 방법으로 나타내기

수로 나타내기	1	2	2	1	2	2	1	2	2
그림으로 나타내기	□	○	○	□	○	○	□	○	○

말로 설명하기 샌드위치-피자-피자가 반복됩니다.

수로 나타내기 샌드위치는 1, 피자는 [ ]로 나타냈습니다.

그림으로 나타내기 샌드위치는 □, 피자는 ○로 나타냈습니다.

정답 2

개념확인 **1** 규칙에 따라 ○와 △ 모양으로 나타내세요.

○	○	△	△	○	○	△					

2 규칙에 따라 빈칸에 알맞은 수를 써넣으세요.

0	5	5	0					

3 규칙에 따라 빈칸에 알맞은 그림에 ○표 하세요.

(, ,   )

(images at positions 12~17 line, with choices at bottom)

4 규칙을 찾아 빈칸에 알맞게 써넣으세요.

(1) 안경알의 수를 쓰고 규칙을 찾아보세요.

⇨ | 2 | 0 | | | | |

⇨ ☐ , ☐ , ☐ 이/가 반복되는 규칙입니다.

(2) 모자를 썼으면 ○, 안 썼으면 ×를 쓰고 규칙을 찾아보세요.

⇨ | × | ○ | | | | |

⇨ ☐ , ☐ 가 반복되는 규칙입니다.

규칙에 따라 빈칸에 알맞은 수를 써넣으세요. (1~2)

1

| 9 | 13 | | 21 | | 29 |

2

| 46 | 41 | 36 | | 26 | |

오른쪽으로 갈수록 수가 작아집니다.

3 규칙에 따라 빈칸에 알맞은 모양을 그리세요.

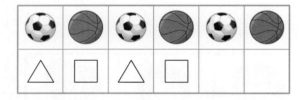

4 규칙에 따라 빈 곳에 알맞은 수를 써넣으세요.

17부터 시작하여 2씩 커집니다.

수 배열표를 보고 물음에 답하세요. (5~7)

1	2	3	4	5	6	7	8	9	10
11	12	13	14	15	16	17	18	19	20
21	22	23	24	25	26	27	28	29	30
31	32	33	34	35	36	37	38	39	40
41	42	43	44	45	46	47			

5 ┈┈에 있는 수는 **어떤 규칙**이 있을까요?

규칙 _____

_____

6 ┈┈에 있는 수는 **어떤 규칙**이 있을까요?

규칙 _____

_____

7 규칙에 따라 ▨에 **알맞은 수**를 써넣으세요.

8 규칙에 따라 **색칠**하고 □ 안에 알맞은 수를 써넣으세요.

31	32	33	34	35	36	37	38	39	40
41	42	43	44	45	46	47	48	49	50
51	52	53	54	55	56	57	58	59	60

규칙 32부터 시작하여 ☐씩 커집니다.

9 규칙에 따라 빈칸에 알맞은 수를 써넣으세요.

⊗⊗⊗ ⊗⊗⊗		2
⊗⊗⊗ ⊗⊗⊗ / ⊗⊗⊗		1
⊗⊗⊗ ⊗⊗⊗		
⊗⊗⊗ ⊗⊗⊗ / ⊗⊗⊗		
⊗⊗⊗ ⊗⊗⊗		
⊗⊗⊗ ⊗⊗⊗ / ⊗⊗⊗		

중요

10 규칙에 따라 **색칠한 칸에 알맞은 수를 써넣으세요.**

21		24		27		30
	33		36		39	
	42		45		48	

---

11 규칙에 따라 빈칸을 완성하세요.

추론

⚀	⚂	⚀	⚀
1	3	1	1
⚂	⚀	⚀	⚂

12 **서로 다른 규칙**이 나타나게 빈칸에 **알맞은 수를 써넣으세요.**

추론

13 계산기에 있는 수 배열입니다. **규칙을 찾아 2가지만 쓰세요.**

문제 해결

7	8	9
4	5	6
1	2	3

규칙 _____

_____

5
단원
진도 완료 체크

1 규칙을 찾아 여러 가지 방법으로 나타내려고 합니다. 6번째에 알맞은❶ 수와❷ 모양은 무엇인지 알아보세요.

5	8	5	8	5
└	□	└	□	└

(수 / 모양 행 레이블 포함)

풀이

❶ 수는 [ ] , [ ] 이/가 반복되는 규칙이므로 5 다음에는 [ ] 입니다.

❷ 모양은 [ ] , [ ] 이 반복되는 규칙이므로 └ 다음에는 [ ] 입니다.

답 [ ] , [ ]

2 수 배열표에서 ❶색칠한 수의 규칙에 따라 마지막 ❷색칠한 빈칸에 알맞은 수를 알아보세요.

51	52	53	54	55	56	57
58			61	62		
65						

풀이

❶ 주어진 수 배열표에서 색칠한 수는 53부터 [ ] 씩 커지는 규칙입니다.

❷ 따라서 마지막 색칠한 빈칸에 알맞은 수는 65보다 [ ] 만큼 더 큰 수인

[ ] 입니다.

답 [ ]

3 ❶ 야구부 친구들이 등 번호의 규칙에 따라 앉아 있습니다. ❷ 맨 오른쪽에 앉은 친구의 등 번호를 알아보세요.

풀이

❶ 등 번호 규칙에 맞게 ☐ 안에 알맞은 수를 써넣으세요.

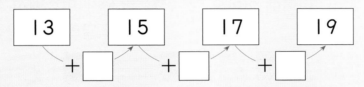

13	15	17	19

+☐　　+☐　　+☐

13부터 시작하여 ☐ 씩 커지는 규칙입니다.

❷ 따라서 맨 오른쪽에 앉은 친구의 등 번호는 19보다 ☐ 만큼 더 큰 수인

☐ 입니다.　　　　　　　　　　　　답 ☐

4 혜원이는 ❶ 규칙을 만들어 수 카드를 늘어놓고 있습니다. ❷ 맨 오른쪽에 놓인 수 카드에 알맞은 수는 얼마인지 풀이 과정을 쓰고 답을 구하세요.

3	3	9	3	3	9	3	☐

풀이

❶ _____

❷ _____

_____

답 _____

1 규칙에 따라 □ 안에 알맞은 모양을 그리세요.

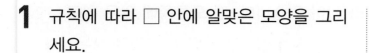

2 수 배열에서 규칙을 찾아 □ 안에 알맞은 수를 써넣으세요.

6 — 7 — 6 — 6 — 7 — 6 —

— 6 — 7 — 6 — 6 — 7 — 6

규칙 □, □, □ 이/가 반복됩니다.

3 규칙에 따라 빈칸에 **알맞은 모양**을 그리세요.

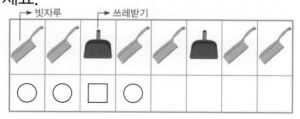

4 규칙에 따라 **색칠**하세요.

61	62	63	64	65	66	67	68	69	70
71	72	73	74	75	76	77	78	79	80
81	82	83	84	85	86	87	88	89	90
91	92	93	94	95	96	97	98	99	100

5 효재가 버스에서 본 손잡이입니다. 손잡이가 달려 있는 규칙을 쓰세요.

규칙 _____

_____

6 규칙에 따라 빈칸에 알맞은 수를 써넣으세요.

| 5 | 1 | 5 | 5 | 1 | 5 | | | |

7 서로 다른 두 가지 모양이 있습니다. 두 모양을 모두 사용하여 서로 다른 규칙으로 두 포장지 무늬를 꾸며 보세요.

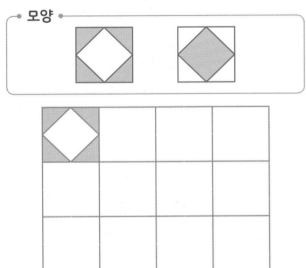

8 ┈┈┈에 있는 수와 같은 규칙으로 빈칸에 알맞은 수를 써넣으세요.

5	10	15	20	25	30
35	40	45	50	55	60
65	70	75	80	85	90

6			

9 보기의 규칙을 여러 가지 방법으로 나타낸 것입니다. 빈칸을 알맞게 채우세요.

10 규칙에 따라 색칠할 때 빨간색을 칠해야 하는 곳을 모두 찾아 기호를 쓰세요.

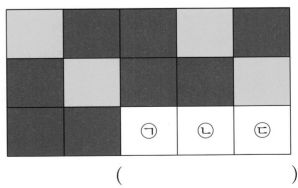

(   )

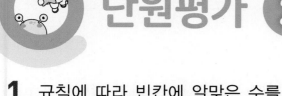

1 규칙에 따라 빈칸에 알맞은 수를 써넣으세요.

2 규칙에 따라 □ 안에 알맞은 모양에 ○표 하세요.

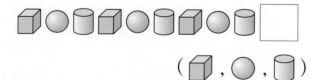

(　, 　, 　)

3 규칙에 따라 리듬 치기를 하면서 빈칸에 알맞은 모양을 그리고 색칠하세요.

무릎치기	손뼉치기	발 구르기
■	◆	●

4 규칙에 따라 빈 곳에 알맞은 수를 써넣으세요.

┌─ 규칙 ─
34부터 시작하여 4씩 작아집니다.

5 규칙을 바르게 설명한 것을 찾아 기호를 쓰세요.

⊙ 자동차 한 대와 비행기 한 대가 반복됩니다.
ⓒ 자동차 두 대와 비행기 두 대가 반복됩니다.
ⓒ 자동차 한 대와 비행기 두 대가 반복됩니다.

(　　　　　　)

6 규칙에 따라 빈칸에 알맞은 모양을 그리세요.

7 규칙에 따라 색칠하세요.

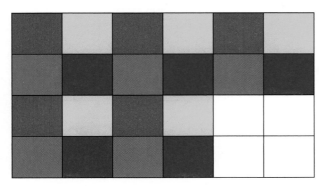

8 규칙에 따라 색칠한 칸에 알맞은 수를 써 넣으세요.

27	28	29			32	33
34						40
			44			
		50	51			

9 □ 안에 **알맞은 모양**을 그리고 **그 모양의 물건**을 찾아 쓰세요.

_____

서술형 문제

10 학생들이 서 있는 규칙을 2가지만 쓰세요.

규칙 _____

_____

_____

_____

1 규칙에 따라 빈 곳에 알맞은 붙임딱지를 붙이세요. 붙임딱지 사용

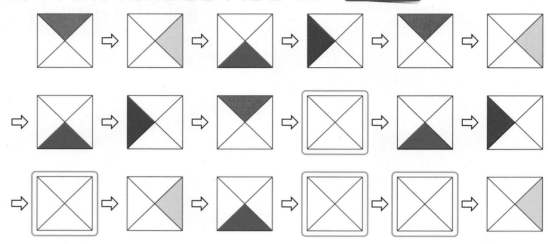

2 칭찬 붙임딱지 모음판입니다. 규칙에 따라 빈 곳에 알맞은 붙임딱지를 붙여 보세요.

붙임딱지 사용

3 상자에 우유와 빵을 다음과 같은 규칙으로 담으려고 합니다. 이 상자에 담을 수 있는 빵과 우유를 알맞게 붙이고, 상자에 빵은 모두 몇 개 담을 수 있는지 구하세요.

붙임딱지 사용

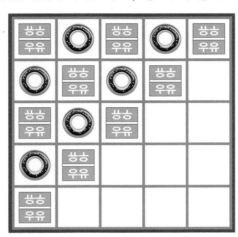

(　　　　　　　)

4 반복되는 규칙을 이용하여 출발점에서 도착점까지 가는 길을 나타내세요. (단, 왔던 길로 되돌아가지 않습니다.)

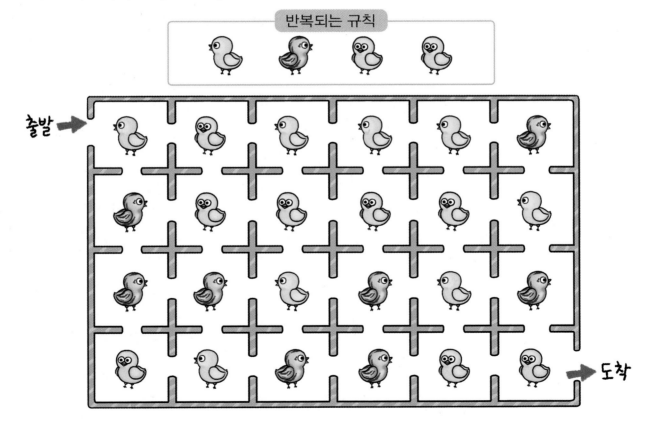

6 덧셈과 뺄셈 (3)

1학년

- 받아올림이 없는 두 자리 수의 덧셈
- 받아내림이 없는 두 자리 수의 뺄셈

2학년

- 받아올림, 받아내림이 있는 두 자리 수의 덧셈과 뺄셈
- □가 사용된 덧셈식, 뺄셈식 만들기

3~6학년

- 세 자리 수의 덧셈과 뺄셈
- 분수와 소수의 덧셈과 뺄셈

$$
\begin{array}{r}
4\ 5 \\
+\ 2\ 3 \\
\hline
6\ 8
\end{array}
$$

난 낱개만 계산

난 10개씩 묶음만 계산

따로따로 계산해.

이번 단원을 공부하기 전에 알고 있는지 확인하세요.

1 □ 안에 알맞은 수를 써넣으세요.

(1) 9 + 5 = [ ]

| 1 [ ]

(2) 9 + 5 = [ ]

[ ] 5

2 □ 안에 알맞은 수를 써넣으세요.

(1)
4+7=11
4+8=[ ]
4+9=[ ]

(2)
14-6=8
14-7=[ ]
14-8=[ ]

3 어느 동물이 몇 마리 더 많은지 구하세요.

(토끼 , 고양이)가 [ ]마리 더 많습니다.

4 식용유는 모두 몇 병인지 구하세요.

모두 [ ]병입니다.

6. 덧셈과 뺄셈 (3) • 137

안녕, 작별의 순간

덧셈 알아보기 (1)

개념 1 받아올림이 없는 (몇십몇)+(몇)

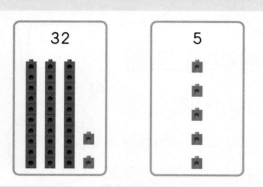

$$32+5=37$$

	3	2	낱개끼리
+		5	**줄을 맞추어**
			씁니다.

⬇

	3	2	
+		5	**낱개끼리**
	3		더합니다.

개념 2 받아올림이 없는 (몇십)+(몇십)

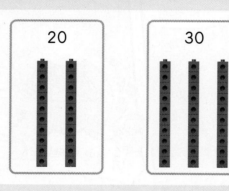

$$20+30=50$$

	2	0	
+	3	0	**줄을 맞추어**
			씁니다.

⬇

	2	0	
+	3	0	**10개씩 묶음끼리**
		0	더합니다.

정답 7, 5

개념확인 **1** 수 모형을 보고 덧셈을 하세요.

(1)

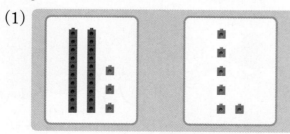

23+6=〔　〕

(2)

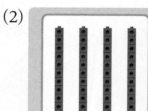

40+30=〔　〕

2 사이다가 모두 몇 캔인지 이어 세어 알아보세요.

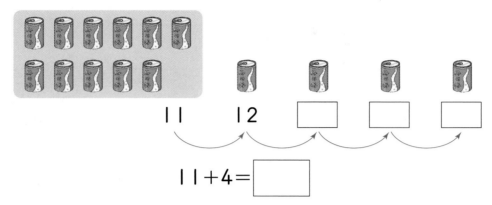

| | | | | 2 | ☐ | ☐ | ☐ |

| | +4 = ☐

3 덧셈을 하세요.

(1) 50+6 = ☐

(2) 62+4 = ☐

(3)
```
    6 1
  +   3
  ─────
```
☐

(4)
```
    6 0
  + 3 0
  ─────
```
☐

4 두 수의 합을 구하세요.

(1)  40 20   (   )

(2) 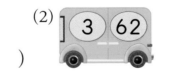 3 62   (   )

5 계산 결과를 찾아 이으세요.

20+50   7+22   40+8

·   ·   ·

·   ·   ·

48   29   70

 **1단계 교과서 개념**

덧셈 알아보기 (2)

개념 1 받아올림이 없는 (몇십몇)+(몇십몇)

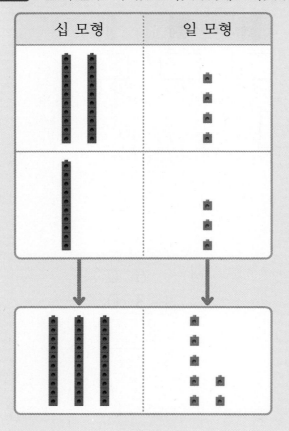

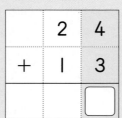

줄을 맞추어 씁니다.

⬇

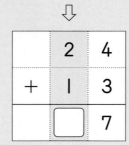

낱개끼리 더합니다.

⬇

	2	4
+	1	3
		7

10개씩 묶음끼리 더합니다.

정답 7, 3

개념확인 1 수 모형을 보고 덧셈을 하세요.

(1)

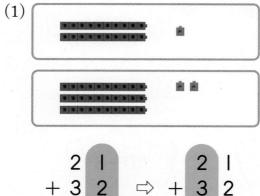

(2)

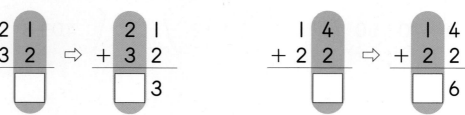

2 그림을 보고 모두 몇 개인지 덧셈식으로 나타내세요.

(1)

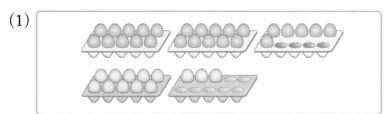

$26 + \boxed{} = \boxed{}$

(2)

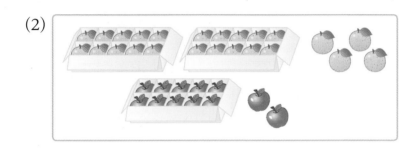

$24 + \boxed{} = \boxed{}$

3 덧셈을 하세요.

(1) $34 + 25 = \boxed{}$

(2) $12 + 12 = \boxed{}$

(3)
$$\begin{array}{r} 2\ 2 \\ +\ 4\ 2 \\ \hline \boxed{} \end{array}$$

(4)
$$\begin{array}{r} 6\ 4 \\ +\ 2\ 4 \\ \hline \boxed{} \end{array}$$

4 그림을 보고 덧셈을 하려고 합니다. 물음에 답하세요.

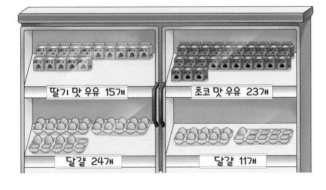

딸기 맛 우유 15개
초코 맛 우유 23개
달걀 24개
달걀 11개

(1) 딸기 맛 우유와 초코 맛 우유는 모두 몇 개일까요?

$15 + \boxed{} = \boxed{}$ (개)

(2) 달걀은 모두 몇 개일까요?

$\boxed{} + 11 = \boxed{}$ (개)

6
단원

1 그림을 보고 **덧셈을** 하세요.

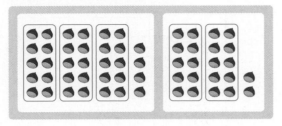

$34+22=$ ☐

중요

2 덧셈을 하세요.

(1)
$$\begin{array}{r} 4\,5 \\ +\ \ 3 \\ \hline \end{array}$$

(2)
$$\begin{array}{r} 7\,5 \\ +1\,2 \\ \hline \end{array}$$

(3) $20+50$

(4) $32+25$

3 빈 곳에 **알맞은 수를** 써넣으세요.

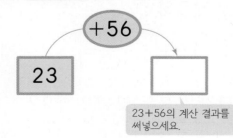

+56

23 → ☐

23+56의 계산 결과를 써넣으세요.

4 덧셈을 하세요.

$31+1=$ ☐

$31+2=$ ☐

$31+3=$ ☐

$31+4=$ ☐

5 **그림을 보고 덧셈을** 하려고 합니다. 물음에 답하세요.

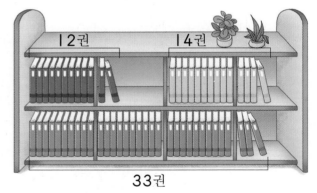

12권 14권

33권

(1) 빨간색 책과 노란색 책은 모두 몇 권일까요?

$12+$ ☐ $=$ ☐ (권)

(2) 노란색 책과 초록색 책은 모두 몇 권일까요?

☐ $+33=$ ☐ (권)

6 합이 더 **작은 것**에 △표 하세요.

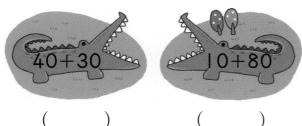

$40+30$ $10+80$

(   )   (   )

중요

7 빈 곳에 **알맞은 수**를 써넣으세요.

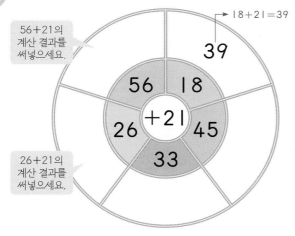

56+21의 계산 결과를 써넣으세요.

→ 18+21=39

39

56 18

+21

26 45

33

26+21의 계산 결과를 써넣으세요.

8 주머니에서 수를 **하나씩 골라 덧셈식**을 만드세요.

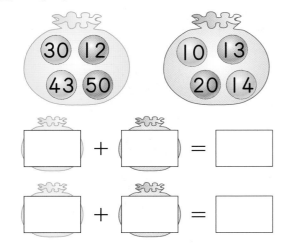

30 12   10 13
43 50   20 14

[   ] + (   ) = [   ]

[   ] + (   ) = [   ]

수학 역량 키우기 문제

9 같은 모양에 적힌 수의 합을 구하세요.

연결

41 53 20
32 35 13

[cube] [   ] , [cylinder] [   ] , [sphere] [   ]

10 진구가 말하는 수를 구하세요.

추론

내 수는 25보다 11만큼 더 큰 수야.

진구

(   )

서술형 문제

11 호진이는 어머니와 투호 놀이를 하고 있습니다. 화살을 호진이는 14개 넣었고 어머니는 13개 넣었습니다. 호진이와 어머니가 넣은 **화살은 모두 몇 개**인지 구하세요.

문제 해결

식 _____

답 _____

답을 쓸 때 꼭 단위(개)를 써야 해요.

1단계 교과서 **개념**

뺄셈 알아보기 (1)

개념 1 받아내림이 없는 (몇십몇)−(몇)

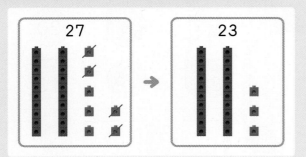

$$27-4=23$$

	2	7
−		4

낱개끼리 **줄을 맞추어** 씁니다.

⇩

	2	7
−		4
	2	

낱개끼리 뺍니다.

개념 2 받아내림이 없는 (몇십)−(몇십)

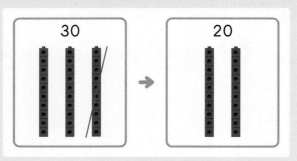

$$30-10=20$$

	3	0
−	1	0

줄을 맞추어 씁니다.

⇩

	3	0
−	1	0
		0

10개씩 묶음끼리 뺍니다.

정답 3, 2

개념확인 **1** 수 모형을 보고 뺄셈을 하세요.

(1)

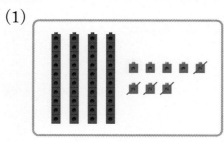

$$48-4=\boxed{}$$

(2)

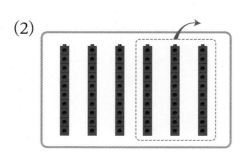

$$60-30=\boxed{}$$

2 그림을 보고 뺄셈을 하세요.

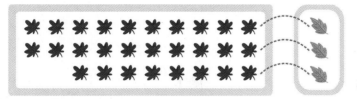

$28-3=$ ☐

3 구슬은 야구공보다 몇 개 더 많은지 알아보세요.

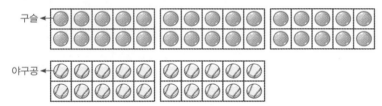

$30-20=$ ☐

4 뺄셈을 하세요.

(1) $18-4=$ ☐

(2) $70-30=$ ☐

(3)
$$
\begin{array}{r}
5\ 7 \\
-\ \ \ 3 \\
\hline
\end{array}
$$
☐

(4)
$$
\begin{array}{r}
8\ 0 \\
-\ 6\ 0 \\
\hline
\end{array}
$$
☐

5 계산 결과를 찾아 이으세요.

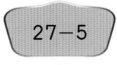

| 27−5 | 80−30 | 90−80 |

| 10 | 22 | 50 |

개념 1 받아내림이 없는 (몇십몇)−(몇십몇)

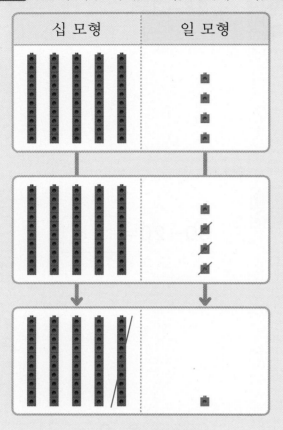

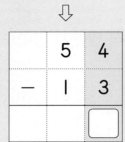

줄을 맞추어
씁니다.

낱개끼리
뺍니다.

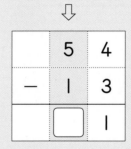

10개씩 묶음끼리
뺍니다.

정답 | 4

개념확인 **1** 수 모형을 보고 뺄셈을 하세요.

(1)

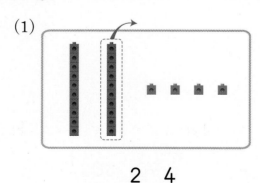

$$\begin{array}{r} 2\ 4 \\ -\ 1\ 0 \\ \hline \square\ \square \end{array}$$

(2)

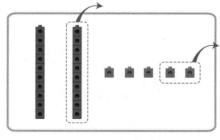

$$\begin{array}{r} 2\ 5 \\ -\ 1\ 2 \\ \hline \square\ \square \end{array}$$

2 그림을 보고 뺄셈을 하세요.

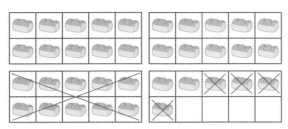

$36 - 14 = \boxed{}$

3 그림을 보고 배가 사과보다 몇 개 더 많은지 뺄셈식으로 나타내세요.

배 ←

사과 ←

$27 - \boxed{} = \boxed{}$

4 뺄셈을 하세요.

(1) $47 - 24 = \boxed{}$

(2) $72 - 21 = \boxed{}$

(3)
$$\begin{array}{r} 3\ 8 \\ -\ 1\ 5 \\ \hline \boxed{} \end{array}$$

(4)
$$\begin{array}{r} 8\ 6 \\ -\ 5\ 3 \\ \hline \boxed{} \end{array}$$

5 그림을 보고 뺄셈을 하려고 합니다. 물음에 답하세요.

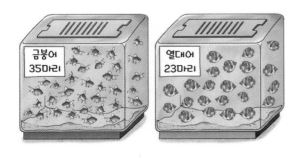

금붕어
35마리

열대어
23마리

(1) 금붕어는 열대어보다 몇 마리 더 많을까요?

$35 - \boxed{} = \boxed{}$(마리)

(2) 열대어 12마리를 건졌다면 남은 열대어는 몇 마리일까요?

$\boxed{} - 12 = \boxed{}$(마리)

1 뺄셈을 하세요.

(1)
```
   8 6
 −   5
```

(2)
```
   6 8
 − 5 2
```

(3) 90−40

(4) 75−34

2 차가 같은 것끼리 이으세요.

26−6 ·   · 20−10

17−3 ·   · 19−5

50−40 ·   · 70−50

중요
3 빈칸에 알맞은 수를 써넣으세요.

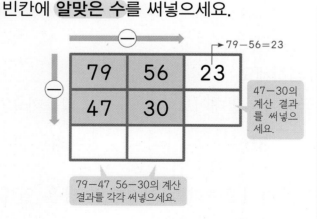

→ 79−56=23

⊖→		
79	56	23
47	30	

47−30의 계산 결과를 써넣으세요.

79−47, 56−30의 계산 결과를 각각 써넣으세요.

4 뺄셈을 하세요.

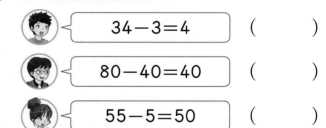

54−3=☐

55−4=☐

56−5=☐

57−6=☐

5 계산을 잘못한 사람을 찾아 ○표 하세요.

34−3=4   (   )

80−40=40   (   )

55−5=50   (   )

6 짝 지은 두 수의 차를 구하여 빈칸에 알맞은 수를 써넣으세요.

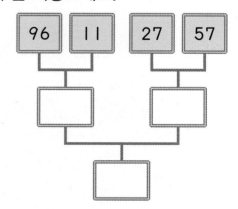

96	11	27	57

7 그림을 보고 **뺄셈**을 하려고 합니다. 물음에 답하세요.

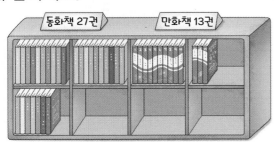

(1) 동화책은 만화책보다 몇 권 더 많을까요?

$$27 - \boxed{} = \boxed{} \text{(권)}$$

(2) 동화책 6권을 빌려갔다면 남는 동화책은 몇 권일까요?

$$\boxed{} - 6 = \boxed{} \text{(권)}$$

중요
8 **가장 큰 수와 가장 작은 수의 차**를 구하세요.

| 25 | 32 | 98 | 57 | 89 |

( )

9 다음 수 카드 중에서 2장을 골라 **차가 40**이 되도록 뺄셈식을 만드세요.

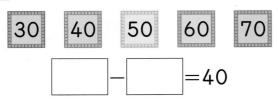

$$\boxed{} - \boxed{} = 40$$

수학 역량 키우기 문제

10 수를 규칙적으로 썼습니다. ㉡－㉠을 계산하세요.

연결

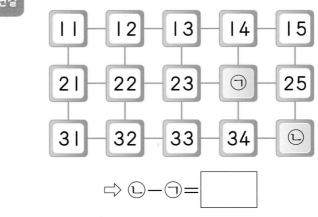

⇨ ㉡－㉠ = $\boxed{}$

11 민지가 말한 수를 구하세요.

추론

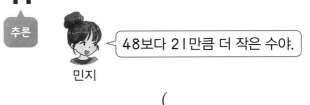

48보다 21만큼 더 작은 수야.

민지

( )

서술형 문제
12 제기를 은성이는 26번 찼고, 우빈이는 14번 찼습니다. 은성이는 우빈이보다 몇 번 더 많이 찼는지 구하세요.

의사소통

식 _____

답 _____

답을 쓸 때 꼭 단위(번)를 써야 해요.

6
단원

1 감나무에 열린 감 38개 중에서 **❶현미와 재우가 감을 한 개씩** 따 먹었습니다. 다음 날 감나무에 찾아갔더니 **❷새가 15개**를 먹었습니다. 감나무에 남은 감은 몇 개인지 알아보세요.

풀이

❶ 현미와 재우가 감을 한 개씩 따 먹었으므로 먹은 감은 모두 2개이고,

  먹고 남은 감은 ☐ − 2 = ☐ (개)입니다.

❷ 따라서 새가 먹고 남은 감은 ☐ − 15 = ☐ (개)입니다.

답 ☐ 개

2 민우는 블록 만들기를 하였습니다. **❶파란색 블록은 36개** 사용했고, 노란색 블록은 파란색 블록보다 24개 더 적게 사용했습니다. **❷민우가 사용한 파란색과 노란색 블록은 모두 몇 개**인지 알아보세요.

풀이

❶ 노란색 블록은 36 − ☐ = ☐ (개) 사용했습니다.

❷ 사용한 파란색과 노란색 블록은 모두 36 + ☐ = ☐ (개)입니다.

답 ☐ 개

3

운동장에서 남학생 11명과 여학생 7명이 기차놀이를 하고 있고, 남학생 3명과 여학생 12명이 공놀이를 하고 있습니다. 어느 놀이를 하는 학생이 더 많은지 알아보세요.

풀이

❶ 기차놀이를 하고 있는 학생은 11+7=☐(명)입니다.

❷ 공놀이를 하고 있는 학생은 3+☐=☐(명)입니다.

❸ 따라서 ☐ 놀이를 하고 있는 학생이 더 많습니다.

답 ☐ 놀이

쌍둥이 문제

4

울타리 안에 있던 ❶양 18마리 중 5마리가 울타리 밖으로 나가고, ❷젖소 24마리 중 14마리가 울타리 밖으로 나갔습니다. 양과 젖소 중 ❸어느 동물이 울타리 안에 더 많이 남아 있는지 풀이 과정을 쓰고 답을 구하세요.

풀이

❶ _____

❷ _____

❸ _____

_____

답 _____

1 그림을 보고 덧셈을 하세요.

30+4= ☐

2 계산을 하세요.

(1)
```
   7 2
 − 4 0
────────
   ☐
```

(2) 6 1+5= ☐

3 빈 곳에 알맞은 수를 써넣으세요.

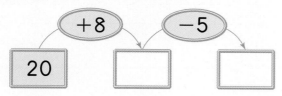

4 두 수의 합과 차를 각각 구하세요.

| 33 | 64 |

합 (   )

차 (   )

5 계산 결과가 가장 큰 것에 ○표 하세요.

37+52   66+20

(   )   (   )

45+52

(   )

6 어느 과일 가게에 사과 79개와 귤 24개가 있습니다. 사과는 귤보다 몇 개 더 많을까요?

(   )

7 그림을 보고 덧셈식과 뺄셈식을 만드세요.

$$\boxed{} + \boxed{} = \boxed{}$$

$$\boxed{} - \boxed{} = \boxed{}$$

9 가장 큰 수와 가장 작은 수를 골라 두 수의 합과 차를 각각 구하세요.

| 49 | 34 | 52 | 65 |

합 (   )

차 (   )

서술형 문제

10 동석이네 집에는 동화책이 46권 있고, 위인전은 동화책보다 23권 더 적게 있습니다. 동석이네 집에 있는 동화책과 위인전은 모두 몇 권인지 풀이 과정을 쓰고 답을 구하세요.

풀이 _____

_____

_____

답 _____

8 달걀 한 판에는 달걀이 **30개** 들어 있습니다. **달걀 2판에 들어 있는 달걀은 모두 몇개일까요?**

(   )

6. 덧셈과 뺄셈 (3)

점수

1 그림을 보고 뺄셈을 하세요.

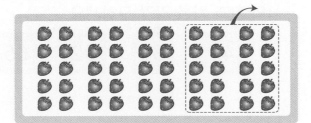

$50-20=\boxed{}$

2 계산을 하세요.

(1)
$$\begin{array}{r} 4\ 2 \\ +\ 3\ 2 \\ \hline \boxed{} \end{array}$$

(2) $87-34=\boxed{}$

3 ☐ 안에 알맞은 수를 써넣으세요.

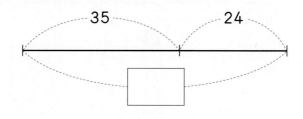

4 계산 결과가 같은 것끼리 이으세요.

$36+42$ •   • $68-10$

$8+50$ •   • $99-21$

$10+40$ •   • $53-3$

5 계산 결과를 비교하여 ○ 안에 >, =, < 를 알맞게 써넣으세요.

$86-34$ ◯ $13+41$

6 다음 수 카드가 한 장씩 있습니다. 2장을 골라 **합이 40**이 되도록 **덧셈식**을 만드세요.

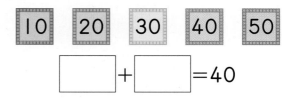

$\boxed{}+\boxed{}=40$

156 • 우등생 수학 1-2

서술형 문제

7 지호는 칭찬 쿠폰 60장을 모았습니다. 그 중 10장을 지우개와 교환하였습니다. 지호에게 남은 칭찬 쿠폰은 몇 장인지 식을 쓰고 답을 구하세요.

식 _____

답 _____

8 그림을 보고 물고기의 수를 이용하여 여러 가지 뺄셈식을 만드세요.

| 열대어 25마리 | 비단잉어 4마리 | 흰동가리 14마리 |

☐ − ☐ = ☐

☐ − ☐ = ☐

9 식을 보고 그림이 나타내는 수를 구하세요.

$11 + 23 =$

 $- 21 =$

 $+$ $=$

 ☐ , ☐ , ☐

서술형 문제

10 어느 과일 가게에 사과는 47개 있고, 바나나는 사과보다 15개 더 적게 있습니다. 과일 가게에 있는 사과와 바나나는 모두 몇 개인지 풀이 과정을 쓰고 답을 구하세요.

풀이 _____

_____

_____

답 _____

진도 완료
체크

창의융합 + 실력UP

1 알맞은 수를 찾아 붙여 손가락 장갑을 완성하세요. 붙임딱지 사용

$$72-21= \boxed{51}$$

$$23+20=$$

$$55-20=$$

$$36+13=$$

$$50 -20=30$$

$$+20=60$$

$$-20=40$$

$$+20=40$$

회색 부분에 붙임딱지를 붙이세요.

2 계산을 하여 **보기**의 색으로 칠하세요.

보기
23
24
25

$\begin{array}{r} 20 \\ +\ 3 \\ \hline 23 \end{array}$	$\begin{array}{r} 22 \\ +\ 2 \end{array}$	$\begin{array}{r} 24 \\ +\ 1 \end{array}$
$\begin{array}{r} 21 \\ +\ 2 \end{array}$	$\begin{array}{r} 23 \\ +\ 1 \end{array}$	$\begin{array}{r} 57 \\ -34 \end{array}$
$\begin{array}{r} 22 \\ +\ 1 \end{array}$	$\begin{array}{r} 58 \\ -34 \end{array}$	$\begin{array}{r} 58 \\ -35 \end{array}$
$\begin{array}{r} 59 \\ -34 \\ \hline 25 \end{array}$	$\begin{array}{r} 59 \\ -35 \end{array}$	$\begin{array}{r} 59 \\ -36 \end{array}$

▶▶ 정답 35쪽

3 주사위를 굴려 나온 눈의 수를 넣었을 때 바른 식이 되도록 ■ 안에 알맞은 주사위 붙임딱지를 붙이세요. 붙임딱지 사용

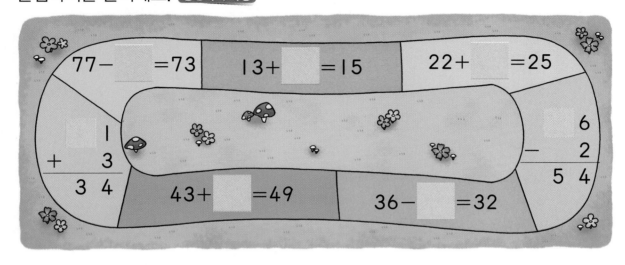

$$77 - \boxed{} = 73 \qquad 13 + \boxed{} = 15 \qquad 22 + \boxed{} = 25$$

$$\begin{array}{r} \boxed{} \ 1 \\ + \quad 3 \\ \hline 3 \ \ 4 \end{array} \qquad 43 + \boxed{} = 49 \qquad 36 - \boxed{} = 32 \qquad \begin{array}{r} 6 \\ - \ 2 \\ \hline 5 \ 4 \end{array}$$

6
단원

진도 완료
체크

4 콩 주머니 모으기 경기를 하였습니다. 청군은 파란색 콩 주머니 21개, 흰색 콩 주머니 35개를 모았고, 백군은 파란색 콩 주머니 32개, 흰색 콩 주머니 42개를 모았습니다. 물음에 답하세요. 붙임딱지 사용

(1) 청군과 백군이 모은 콩 주머니는 각각 몇 개일까요?

청군 (   ), 백군 (   )

(2) 이긴 팀의 바구니에 트로피 붙임딱지를 붙이세요.

학습 게임

우등생 세미나

>> 정답 36쪽

덧셈 또는 **뺄셈**을 하여 미로를 통과했을 때 만나는 동물에 ○표 하세요.

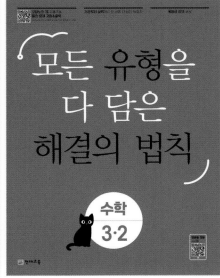

뭘 좋아할지 몰라 다 준비했어♥
전과목 교재

전과목 시리즈 교재

●무등생 해법시리즈
– 국어/수학	1~6학년, 학기용
– 사회/과학	3~6학년, 학기용
– SET(전과목/국수, 국사과)	1~6학년, 학기용

●똑똑한 하루 시리즈
– 똑똑한 하루 독해	예비초~6학년, 총 14권
– 똑똑한 하루 글쓰기	예비초~6학년, 총 14권
– 똑똑한 하루 어휘	예비초~6학년, 총 14권
– 똑똑한 하루 한자	예비초~6학년, 총 14권
– 똑똑한 하루 수학	1~6학년, 총 12권
– 똑똑한 하루 계산	예비초~6학년, 총 14권
– 똑똑한 하루 도형	예비초~6학년, 총 8권
– 똑똑한 하루 사고력	1~6학년, 총 12권
– 똑똑한 하루 사회/과학	3~6학년, 학기용
– 똑똑한 하루 봄/여름/가을/겨울	1~2학년, 총 8권
– 똑똑한 하루 안전	1~2학년, 총 2권
– 똑똑한 하루 Voca	3~6학년, 학기용
– 똑똑한 하루 Reading	초3~초6, 학기용
– 똑똑한 하루 Grammar	초3~초6, 학기용
– 똑똑한 하루 Phonics	예비초~초등, 총 8권

●독해가 힘이다 시리즈
– 초등 수학도 독해가 힘이다	1~6학년, 학기용
– 초등 문해력 독해가 힘이다 문장제수학편	1~6학년, 총 12권
– 초등 문해력 독해가 힘이다 비문학편	3~6학년

영어 교재

●초등영어 교과서 시리즈
파닉스(1~4단계)	3~6학년, 학년용
영단어(1~4단계)	3~6학년, 학년용

●LOOK BOOK 영단어
3~6학년, 단행본

●원서 읽는 LOOK BOOK 영단어
3~6학년, 단행본

국가수준 시험 대비 교재

●해법 기초학력 진단평가 문제집
2~6학년·중1 신입생, 총 6권

평가 자료집

사고력 평가

실력 + 서술형 문제

홈스쿨링
우등생

초등 수학 1·2

천재교육

평가 자료집
포인트 2가지

▶ 교과서에서 접하지 못했던 다양한 교과 사고력 문제 연습

▶ 실력+서술형 문제로 각종 시험 대비 및 문제 해결 연습

평가 자료집

수학 1-2

혜은이와 친구들은 영화를 보기 위해 극장에 갔습니다. 영화 입장권을 보고 혜은이와
친구들이 앉아야 하는 자리에 이름을 써넣으세요. (1~6)

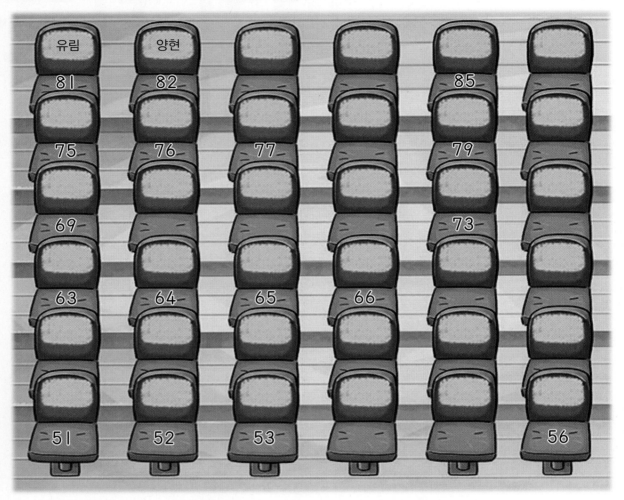

1 혜은이의 영화 입장권

영화 관람 좌석 번호
67

2 민수의 영화 입장권

영화 관람 좌석 번호
70과 72 사이에 있는 수

3 정은이의 영화 입장권

영화 관람 좌석 번호
84보다 1만큼 더 작은 수

4 소희의 영화 입장권

영화 관람 좌석 번호
83보다 큰 홀수

5 현석이의 영화 입장권

영화 관람 좌석 번호
53과 57 사이에 있는 홀수

6 영호의 영화 입장권

영화 관람 좌석 번호
10개씩 묶음이 7개인 수

다음 수 카드 5장 중 2장을 골라 만들 수 있는 두 자리 수의 개수를 알아보려고 합니다. □ 안에 알맞은 수를 써넣으세요. (7~12)

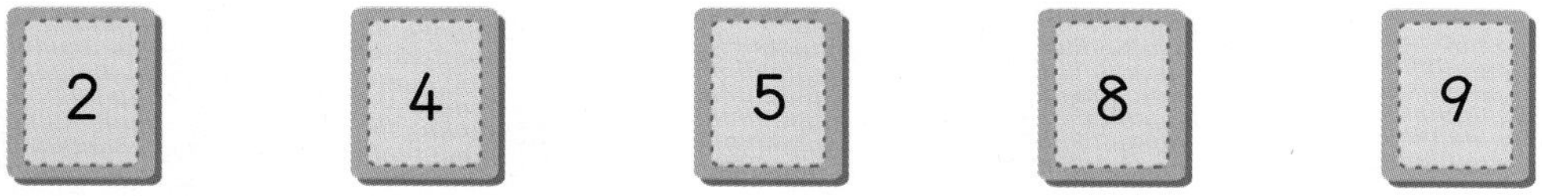

| 2 | 4 | 5 | 8 | 9 |

7

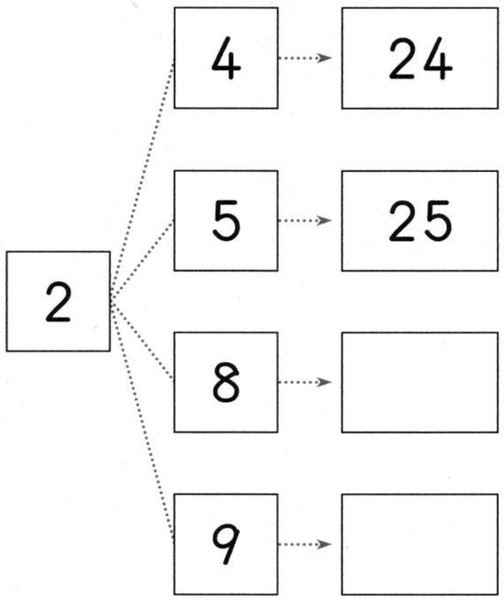

2 →
4 → 24
5 → 25
8 →
9 →

8

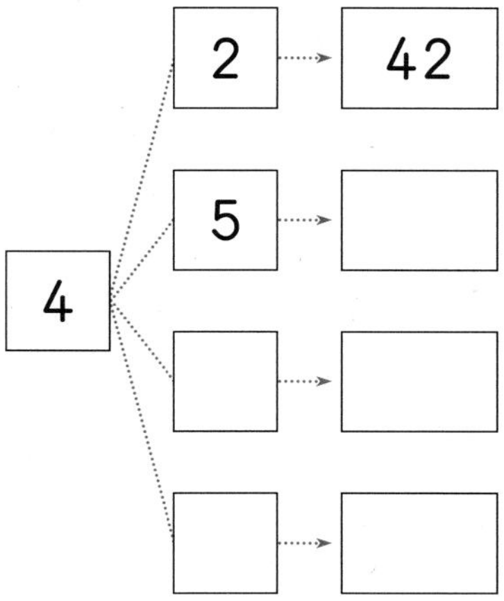

4 →
2 → 42
5 →
□ →
□ →

9

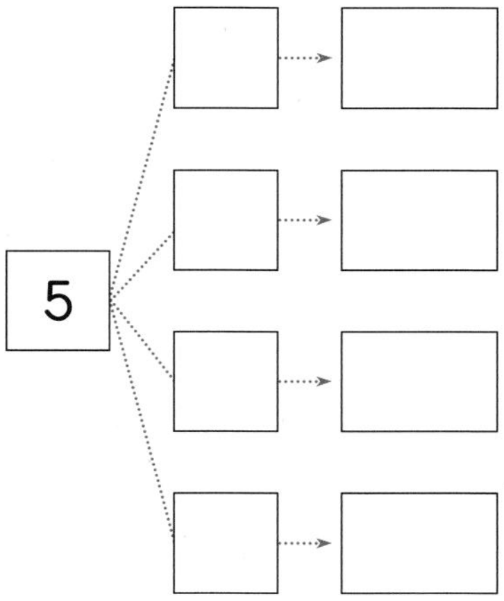

5 →
□ → □
□ → □
□ → □
□ → □

10

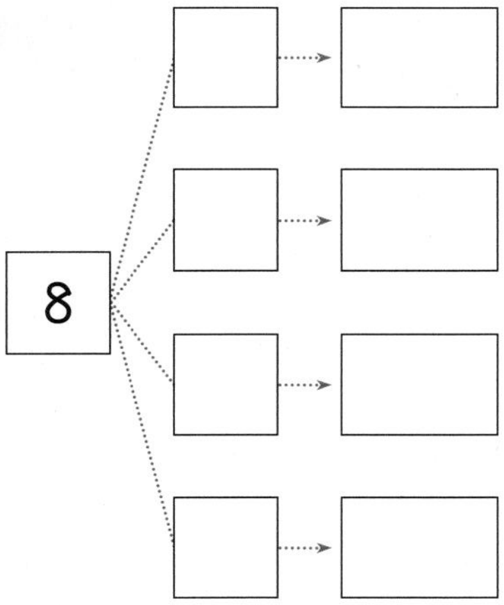

8 →
□ → □
□ → □
□ → □
□ → □

11

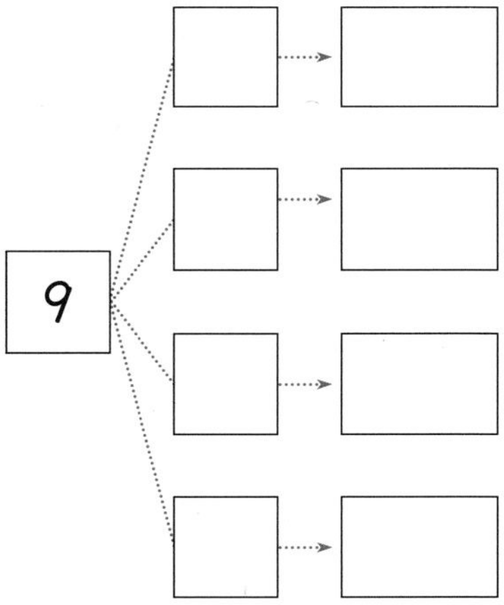

9 →
□ → □
□ → □
□ → □
□ → □

12 만들 수 있는 두 자리 수는 모두 □ 개입니다.

들어 있는 동전의 금액이 가장 큰 돼지 저금통에 ○표, 가장 작은 돼지 저금통에 △표 하세요. (13~15)

13

14

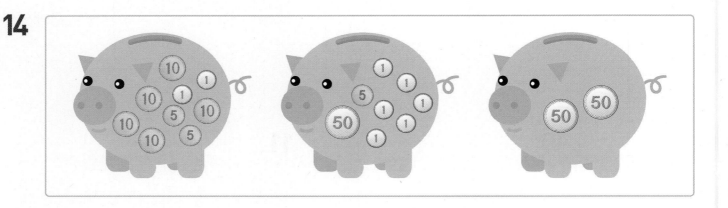

15

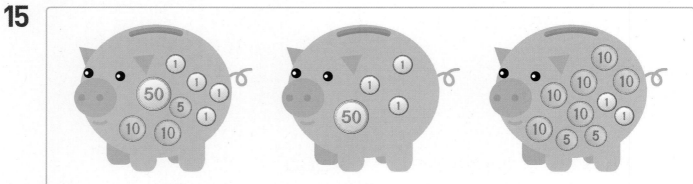

1 귤을 한 봉지에 10개씩 담으려면 봉지는 모두 몇 개 필요할까요?

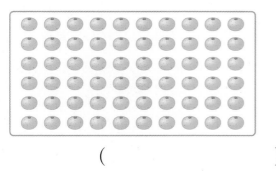

(   )

2 빈 곳에 알맞은 수를 두 가지 방법으로 읽으세요.

| 95 | 96 | 97 | 98 | |

(,   )

3 수의 순서를 거꾸로 세어 빈 곳에 알맞은 수를 써넣으세요.

| 83 | 82 | | |
| | 78 | | |

4 왼쪽 수보다 1만큼 더 큰 수에 ◯표 하세요.

73 —   70   72   74   76

5 큰 수부터 차례로 기호를 쓰세요.

> ㉠ 72보다 10만큼 더 큰 수
> ㉡ 86보다 10만큼 더 작은 수
> ㉢ 10개씩 묶음 7개와 낱개 8개인 수

(   )

6 100이 <u>아닌</u> 수를 찾아 기호를 쓰세요.

> ㉠ 99 다음의 수
> ㉡ 90보다 1만큼 더 큰 수
> ㉢ 90보다 10만큼 더 큰 수
> ㉣ 10개씩 묶음이 10개인 수

(   )

1
단원

7 4개의 수 중에서 2개를 사용하여 몇십몇을 만들었을 때, 더 큰 수를 만든 사람이 이기는 놀이를 하였습니다. 세진이가 94를 만들어 태민이에게 졌다면 태민이가 만든 몇십몇은 얼마일까요?

| 4 | 9 | 2 | 8 |

( )

서술형 문제

8 색종이를 소영이는 10장씩 묶음 7개와 낱개로 6장을 가지고 있고, 고은이는 10장씩 묶음 8개와 낱개로 4장을 가지고 있습니다. 누가 색종이를 더 많이 가지고 있는지 풀이 과정을 쓰고 답을 구하세요.

풀이 _____

_____

_____

_____

답 _____

9 친구들과 선생님이 50부터 100까지 적힌 카드를 한 장씩 뽑았습니다. 선생님이 뽑은 카드의 수보다 더 큰 수가 적힌 카드를 뽑은 사람은 초콜릿을 받는다고 할 때, 초콜릿을 받는 사람의 이름을 모두 쓰세요.

선생님	희수	세민	초희	남주	보라
64	75	98	57	92	63

( )

서술형 문제

10 다음에서 설명하는 수는 어떤 수인지 풀이 과정을 쓰고 답을 구하세요.

- 65보다 크고 72보다 작습니다.
- 10개씩 묶음의 수가 낱개의 수보다 큽니다.
- 짝수입니다.

풀이 _____

_____

_____

답 _____

학생들과 강아지들이 모래 체험 놀이를 하고 있습니다. 서 있는 학생은 몇 명이고, 강아지는 몇 마리인지 □ 안에 알맞은 수를 써넣으세요. (단, 학생과 강아지는 모든 발이 모래에 닿아 있습니다.) (1~4)

1 [가 모래 체험장]

학생: ☐ 명, 강아지: ☐ 마리

2 [나 모래 체험장]

학생: ☐ 명, 강아지: ☐ 마리

3 [다 모래 체험장] 학생: ☐ 명, 강아지: ☐ 마리

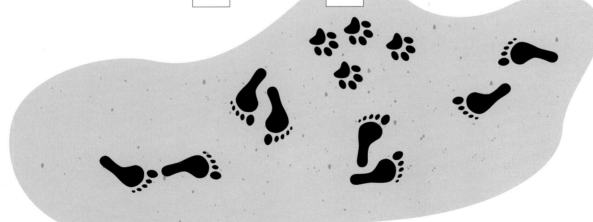

4 [가, 나, 다 모래 체험장]

학생: ☐ + ☐ + ☐ = ☐ (명), 강아지: ☐ + ☐ + ☐ = ☐ (마리)

넣은 구슬에 쓰인 두 수의 합이 나오도록 구슬 위에 알맞은 수를 써넣으세요. (5~10)

5

6
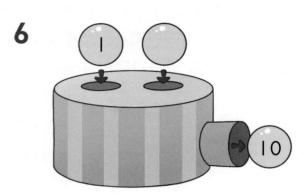

7
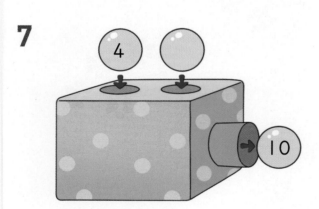

8

9

10

• • 정답 38쪽

◆◆ 접고 있는 손가락은 몇 개인지 뺄셈식을 쓰세요. (11~18)

11

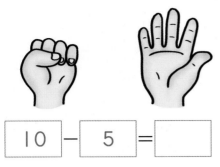

| 10 | − | 5 | = | |

12

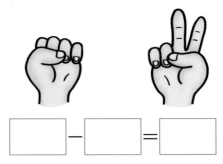

| | − | | = | |

13

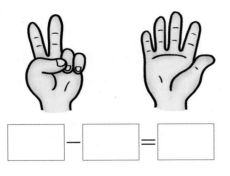

| | − | | = | |

14

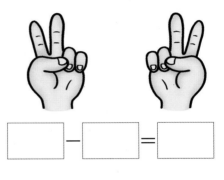

| | − | | = | |

15

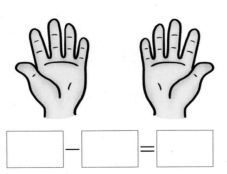

| | − | | = | |

16

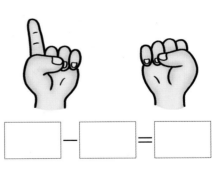

| | − | | = | |

17

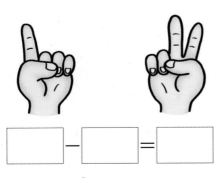

| | − | | = | |

18

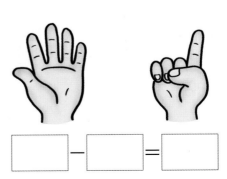

| | − | | = | |

□ 안에 알맞은 수를 써넣으세요. (1~2)

1 $9-4-3=\boxed{}$

2 $4+1+9=\boxed{}$

3 계산 결과가 작은 것부터 차례로 기호를 쓰세요.

> ㉠ $8+2+3$ ㉡ $5+5+5$
> ㉢ $2+9+1$ ㉣ $4+3+7$

(   )

4 밑줄 친 두 수의 합이 10이 되도록 ○ 안에 알맞은 수를 써넣고 식을 완성하세요.

(1) $\underline{5}+3+\bigcirc=\boxed{}$

(2) $\underline{4}+\bigcirc+8=\boxed{}$

5 계산 결과가 같은 것끼리 이으세요.

$5+5+3$ ·	· $2+10$
$7+3+1$ ·	· $10+3$
$2+4+6$ ·	· $10+1$

6 민영이네 농장에서는 토끼 8마리와 염소 7마리를 기르고 있었습니다. 아버지께서 돼지 3마리를 더 사 오셨습니다. 가축은 모두 몇 마리가 되었을까요?

(   )

서술형 문제

7 1부터 9까지의 수 중에서 □ 안에 들어갈 수 있는 수는 모두 몇 개인지 풀이 과정을 쓰고 답을 구하세요.

> $\boxed{\square<9-2-4}$

풀이 _____

_____

_____

답 _____

8 어떤 수에서 4를 빼야 할 것을 잘못하여 더하였더니 10이 되었습니다. 바르게 계산하면 얼마일까요?

(   )

9 수 카드에서 알맞은 수를 ☐ 안에 써넣어 식을 완성하세요.

| 1 | 3 | 5 | 6 | 8 |

☐ − 3 − ☐ = 4

10 일주일 동안 동화책을 희진이는 10권 읽었고, 화평이는 희진이보다 5권 더 적게 읽었습니다. 희진이와 화평이가 일주일 동안 읽은 동화책은 모두 몇 권일까요?

(   )

11 민수와 영호가 3일 동안 접은 종이학의 수입니다. 누가 종이학을 더 많이 접었을까요?

	첫째 날	둘째 날	셋째 날
민수	6마리	7마리	4마리
영호	8마리	1마리	9마리

(   )

12 같은 모양은 같은 수를 나타냅니다. ◆의 값을 구하세요.

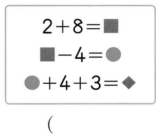

2+8=■
■−4=●
●+4+3=◆

(   )

13 색종이가 10장 있습니다. 그중에서 3장을 사용하고, 몇 장을 친구에게 주었더니 2장이 남았습니다. 친구에게 준 색종이는 몇 장인지 풀이 과정을 쓰고 답을 구하세요.

풀이

답

1 어떤 모양의 일부분인지 알맞은 모양에 ○표 하세요.

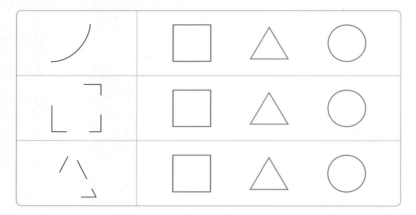

3 단원

국기에서 찾을 수 <u>없는</u> 모양에 모두 ○표 하세요. (2~7)

2 대한민국

3 스웨덴

4 라오스

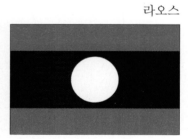

5 독일

6 인도

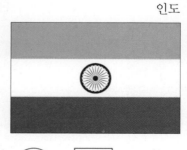

7 쿠웨이트

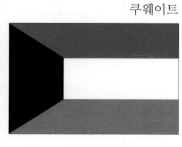

물건을 종이 위에 대고 본떴을 때 나오는 모양을 보고 물건을 찾으려고 합니다. 본뜬 모양 순서대로 ⇨ 또는 ⇩ 방향으로 이동하여 찾게 되는 물건에 모두 ○표 하세요. (8~13)

시간이 흐른 순서에 맞게 시계를 선으로 이으세요. (14~17)

14 3시 → 4시 → 5시 → 6시 → 7시 → 8시

시작

15 10시 → 11시 → 12시 → 1시 → 2시 → 3시

시작

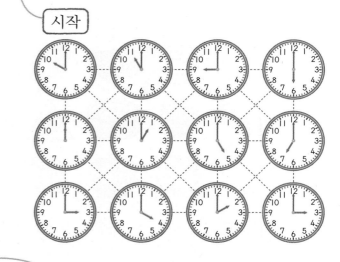

16 현주의 일일 계획표

8시: 기상
→ 9시: 아침 식사
→ 10시: 수학 공부
→ 11시: 자유 시간
→ 12시: 점심 식사
→ 1시: 독서

시작

17 근호의 외출 계획표

11시: 집에서 출발
→ 12시: 축구장 도착 및 점심 식사
→ 1시: 축구 연습
→ 2시: 간식 시간
→ 3시: 축구 시합
→ 4시: 집으로 출발

시작

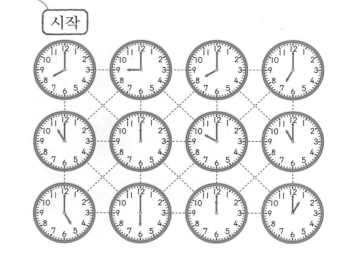

1 ▢, ▲, ◯ 모양을 본뜬 것의 일부분입니다. 모양을 완성하세요.

2 그림에서 ▲ 모양을 모두 찾아 색칠하세요.

3 다음은 거울에 비친 시계의 모습입니다. 시계가 나타내는 시각은 몇 시 몇 분일까요?

(   )

그림을 보고 물음에 답하세요. (4~5)

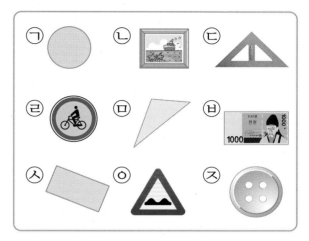

4 ▢ 모양을 모두 찾아 기호를 쓰세요.

(   )

5 다음 물건의 모양과 같은 모양인 물건을 모두 찾아 기호를 쓰세요.

(   )

6 다음에서 설명하는 모양인 물건을 주변에서 찾아 이름을 쓰세요.

> • 곧은 선으로 이루어져 있습니다.
> • 뾰족한 부분이 **3**군데 있습니다.

(   )

7 그림과 같이 색종이를 2번 접어 파란색 선을 따라 오리면 △ 모양이 몇 개 생기는지는지 구하세요.

( )

진도 완료
체크

서술형 문제

8 과자로 만든 두 모양을 보면 공통으로 사용한 모양이 있습니다. 공통으로 사용한 모양은 어떤 모양이고, 두 모양에서 모두 몇 개 사용했는지 풀이 과정을 쓰고 답을 구하세요.

풀이 _____

_____

_____

답 _____ ,

9 다음이 설명하는 시각을 쓰세요.

- 7시와 9시 사이의 시각입니다.
- 8시보다 늦은 시각입니다.
- 긴바늘이 6을 가리킵니다.

( )

서술형 문제

10 하루 동안 진수에게 있었던 일입니다. 일이 일어난 순서에 맞게 차례대로 기호를 쓰려고 합니다. 풀이 과정을 쓰고 답을 구하세요.

가 진수는 꿈나라로!

나

다

라 맛있는 저녁 시간!

풀이 _____

_____

_____

_____

답 _____

각 숫자를 만들기 위해 필요한 성냥개비는 다음과 같습니다. 각 식에서 성냥개비를 1개씩 더 그려 넣어 올바른 식을 만드세요. (1~8)

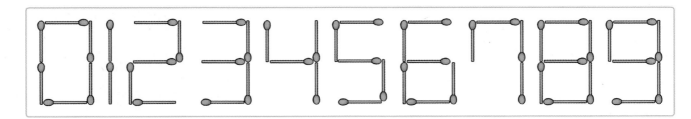

1 7+9=15

2 14-8=5

3 0+5=13

4 5+9=18

5 16-5=7

6 15-7=9

7 3+8=17

8 15-8=8

두 물건의 무게의 합을 저울의 빈 곳에 알맞게 써넣으세요. (9~14)

4 단원

9

10

11

12

13

14

🐾 빈 곳에 알맞은 수를 써넣어 덧셈식과 뺄셈식을 완성하세요. (15~18)

① ➕ 는 ◯와 ◯의 수를 더해서 합을 ◯에 씁니다.
② 🔺 는 ◯의 수에서 ◯의 수를 뺀 차를 ◯에 씁니다.
③ 이러한 방법으로 빈칸이 없도록 완성합니다.

15

16

17

18

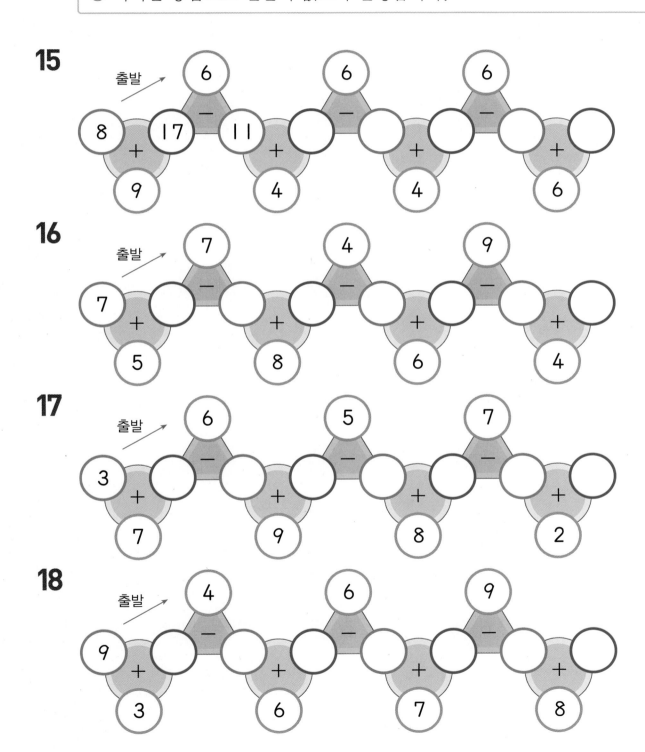

실력 ➕ 서술형 문제

1 빈칸에 알맞은 수를 써넣으세요.

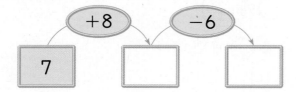

2 합이 13인 덧셈을 모두 찾아 ○표 하세요.

8+5	6+6
( )	( )

7+5	9+4
( )	( )

3 계산 결과가 큰 것부터 차례로 기호를 쓰세요.

㉠ 6+7	㉡ 8+9
㉢ 7+8	㉣ 6+6

( )

4 계산 결과가 작은 것부터 차례대로 점을 이으세요.

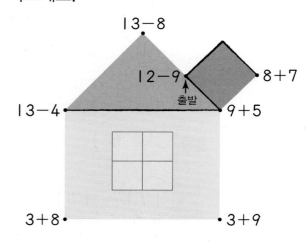

5 두 수의 차를 구한 뒤 그 차에 해당하는 글자를 **보기**에서 찾아 쓰세요.

┌─ 보기 ─

3	4	5	6	7	8
냉	밥	비	초	면	빔

12−7=☐ ⇨ _____

16−8=☐ ⇨ _____

13−9=☐ ⇨ _____

6 규칙을 찾아 ㉠과 ㉡에 들어갈 수의 차를 구하세요.

3	6	㉠	12	15	㉡

( )

7 I부터 9까지의 수 중에서 □ 안에 들어갈 수 있는 가장 큰 수를 구하세요.

$$6+7>9+\square$$

(   )

8 수 카드 두 장을 골라 합이 가장 큰 덧셈으로 나타내고 합을 구하세요.

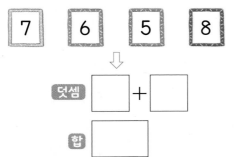

덧셈 [ ] + [ ]

합 [   ]

서술형 문제

9 색종이를 환희는 I4장 가지고 있고, 준희는 8장 가지고 있습니다. 환희는 준희보다 색종이를 몇 장 더 많이 가지고 있는지 식을 쓰고 답을 구하세요.

식 _____

답 _____

10 수 카드에 적힌 두 수의 차가 작은 사람이 이기는 놀이를 하였습니다. 지혜가 이겼다면 I부터 9까지의 수 중에서 지혜의 카드 빈칸에 적힌 수는 무엇일까요?

성수   지혜

| 5 | 11 | | [ ] | 14 |

(   )

11 마당에 강아지 2마리와 닭 몇 마리가 있습니다. 강아지와 닭의 다리 수를 세어 보니 모두 I4개였습니다. 마당에 있는 닭은 몇 마리일까요?

(   )

서술형 문제

12 유진이는 우유를 지난주에 5병 마셨고, 이번 주에 7병 마셨습니다. 다음 주에는 지난주와 이번 주에 마신 우유의 합보다 6병 적게 마시려고 합니다. 다음 주에 마시게 될 우유는 몇 병인지 풀이 과정을 쓰고 답을 구하세요.

풀이 _____

_____

답 _____

5
단원

규칙을 여러 가지 방법으로 나타내고, ? 안에 알맞은 그림을 찾아 ○표 하세요. (1~4)

1

4	2	4	2				

2

오	오	왼					

3

□	○	○					

(,   )

4

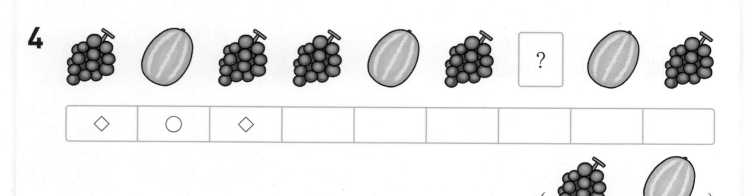

◇	○	◇					

(,   )

두더지가 나오는 규칙을 찾아 마지막에 나오는 곳을 모두 찾아 ◯표 하세요 (5~6)

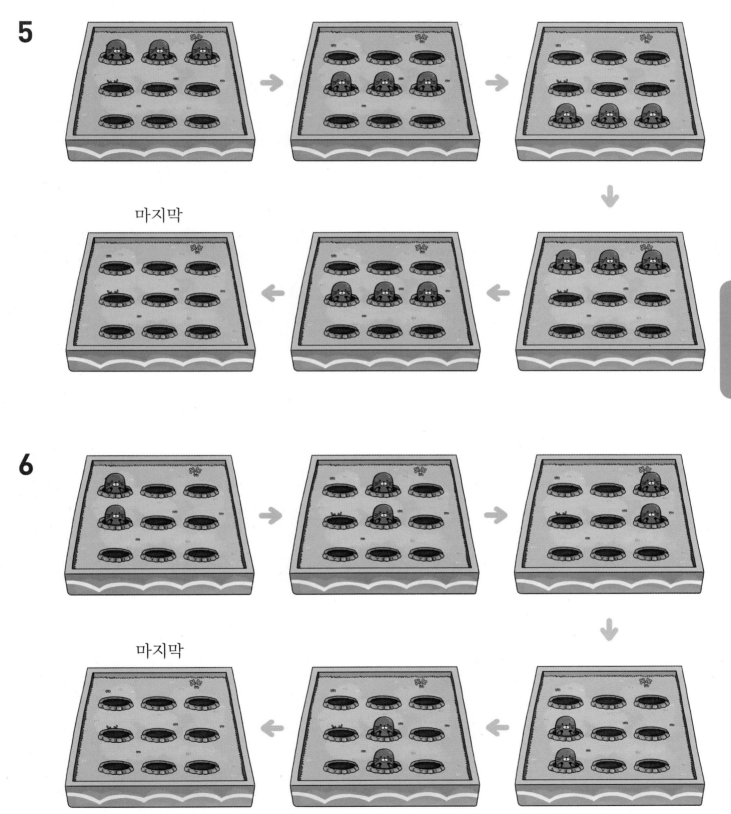

비밀번호에서 규칙을 찾아 여덟 번째에 알맞은 것에 ◯표 하세요. (7~8)

7 비밀번호는 규칙에 맞게 차례로 누른 8개의 숫자입니다.

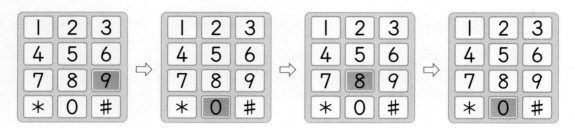

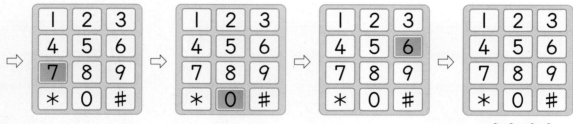

여덟 번째

8 비밀번호는 규칙에 맞게 차례로 누른 8개의 숫자 또는 기호입니다.

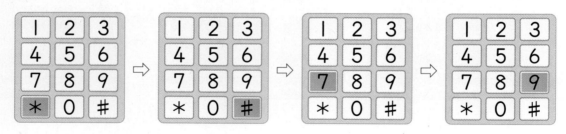

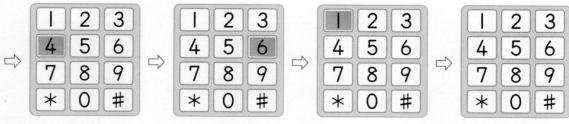

여덟 번째

1 규칙에 따라 색칠하려고 합니다. 빈칸에 알맞은 색깔은 무엇일까요?

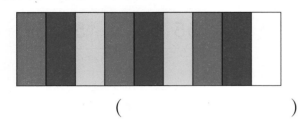

(   )

2 보기와 같은 규칙으로 빈칸에 알맞은 모양을 그리세요.

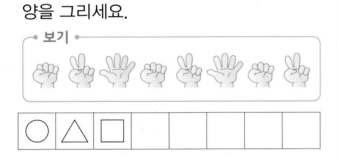

3 어떤 규칙이 있는지 □ 안에 알맞은 모양을 그리세요.

> < < > < < > < < > < <

⇨ ☐ 모양이 반복됩니다.

4 규칙에 따라 빈칸에 알맞은 수를 써넣으세요.

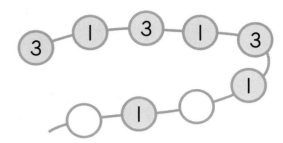

수 배열표를 보고 물음에 답하세요. (5~6)

12	13	14	15	16	17	18	19
20	21	22	23	24	25	26	27
28	29	30	31	32	33	34	35
36	37	38	39	40	41	42	43
44	45	46	47	48	49	50	51

5 노란색으로 색칠한 수에는 어떤 규칙이 있는지 쓰세요.

6 하늘색으로 색칠한 수에는 어떤 규칙이 있는지 쓰세요.

5. 규칙 찾기

7 서술형 문제
규칙에 따라 사물함에 수를 써넣으려 합니다. ♣에는 어떤 수가 들어가는지 풀이 과정을 쓰고 답을 구하세요.

22	23	24	25	26
27	28	29		
		♣		
			40	41

풀이 _____

_____

_____

_____

답 _____

8 ㉠, ㉡, ㉢, ㉣ 중 낱개의 수가 두 번째로 큰 수를 찾아 기호를 쓰세요.

31	32				㉠
		44		㉡	49
	52	㉢	55		60
61			67		㉣

( )

9 수 배열표의 일부분이 찢어졌습니다. ♡에 알맞은 수는 얼마일까요?

48	49		51	52
55	56		58	59
		♡		
	70			

( )

수 배열표를 보고 물음에 답하세요. (10~11)

29	30	31	32	33	34
35	36	37	38	39	40
41	42	43	44	45	46

10 색칠한 수들의 규칙을 쓰세요.

_____

11 서술형 문제
색칠한 수들이 커지는 규칙에 따라 수를 써넣을 때 ㉠에 알맞은 수는 무엇인지 풀이 과정을 쓰고 답을 구하세요.

| 73 | — | | — | | — | ㉠ |

풀이 _____

_____

_____

답 _____

과녁에 화살을 던져서 맞힌 두 수의 합을 구하세요. (1~6)

1

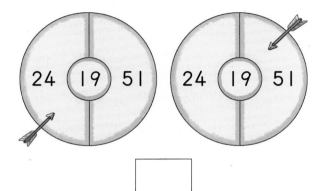

2

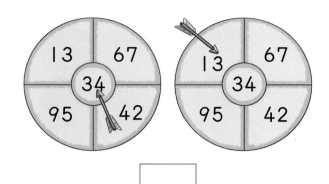

3

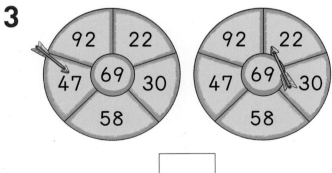

4

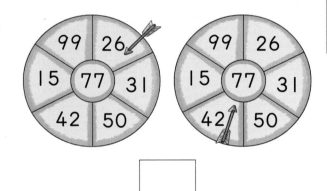

5

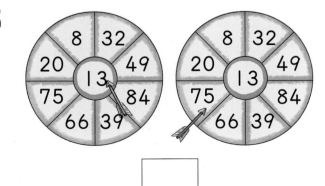

6

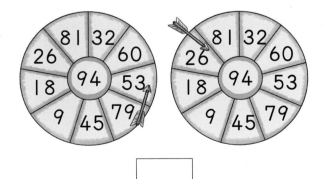

가로의 세 수를 차례로 놓고 ■-■=■ 모양의 뺄셈식을 만들 수 있는 것을 모두 찾아 ◯표 하세요. (단, 순서를 바꿀 수 없습니다.) (7~12)

7

→ 27-23=4

27	23	4	21	38	80
14	13	62	84	20	76
12	59	26	33	12	20
9	65	73	31	32	13
15	45	54	81	10	71
26	21	12	36	11	24

8

33	21	24	12	12	97
12	10	2	50	40	38
37	29	69	34	38	25
35	14	37	22	12	11
11	16	23	48	20	21
88	74	15	75	12	63

9

89	35	81	30	45	37
42	24	13	11	26	20
46	15	35	24	13	12
88	74	22	19	17	2
32	21	10	11	14	24
15	39	17	38	23	13

10

56	45	14	31	86	25
46	26	8	16	90	61
39	9	20	72	51	37
12	89	37	52	30	28
46	16	39	18	20	6
76	25	51	10	11	90

11

36	54	79	62	22	45
27	33	24	57	32	25
8	21	46	32	31	10
29	13	3	10	16	14
11	86	44	20	10	22
14	50	84	53	31	12

12

37	83	22	60	20	40
33	74	3	77	16	49
36	12	24	98	27	31
16	54	43	12	55	19
21	48	17	3	14	30
19	10	8	4	40	73

규칙을 찾아 빈 곳에 알맞은 수를 써넣으세요. (13~24)

규칙

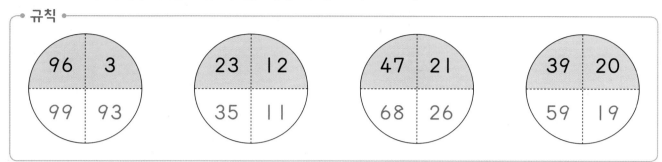

13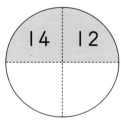

14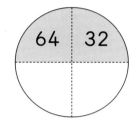

15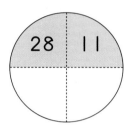

16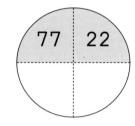

17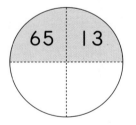

18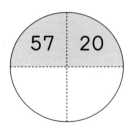

19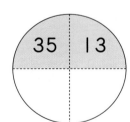

20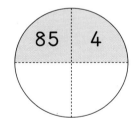

21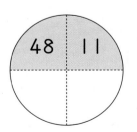

22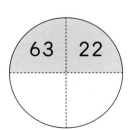

23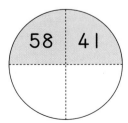

24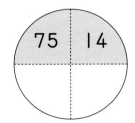

실력 + 서술형 문제

1 두 수의 합과 차를 구하세요.

74   13

합 (   )

차 (   )

2 계산 결과를 비교하여 ○ 안에 >, =, < 를 알맞게 써넣으세요.

| 50+42 | | 32+61 |

3 계산 결과가 나머지 넷과 <u>다른</u> 하나는 어느 것일까요? (   )

① 80−20   ② 20+40

③ 70−10   ④ 30+30

⑤ 90−40

4 □ 안에 알맞은 수를 써넣으세요.

```
   5 □
 − 2 4
 ─────
   3 3
```

5 보기와 같은 규칙으로 ◇ 안에 알맞은 수를 써넣으세요.

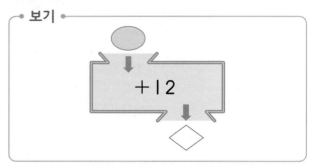

(1) 71 ⇨ ◇

(2) 63 ⇨ ◇

6 성훈이가 구슬 모으기 게임에서 세운 기록입니다. 빨간색과 파란색 구슬 중에서 어떤 색 구슬을 몇 개 더 많이 모았는지 구하세요.

야호! 최고 기록이야!

성훈

GAME OVER
구슬 모으기
●→38개   최고 기록
●→34개

(   ), (   )

7 ●가 24일 때 ★의 값은 얼마인지 구하세요.

$$●+●=▲$$
$$▲-25=★$$

( )

8 차가 35가 되는 두 수를 찾아 뺄셈식을 완성하세요.

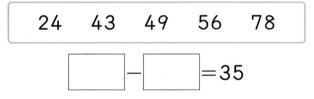

| 24 | 43 | 49 | 56 | 78 |

$$\boxed{}-\boxed{}=35$$

서술형 문제

9 동화책을 현수는 42쪽 읽었고 민지는 현수보다 4쪽 더 많이 읽었습니다. 현수와 민지가 읽은 동화책은 모두 몇 쪽인지 풀이 과정을 쓰고 답을 구하세요.

풀이 _____

_____

답 _____

서술형 문제

10 5장의 수 카드 중 2장을 뽑아 만들 수 있는 몇십몇 중에서 가장 큰 수와 가장 작은 수의 차는 얼마인지 풀이 과정을 쓰고 답을 구하세요.

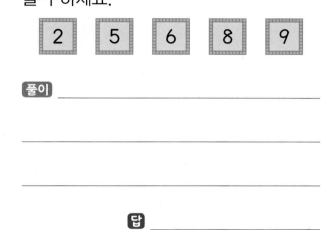

| 2 | 5 | 6 | 8 | 9 |

풀이 _____

_____

_____

답 _____

11 색종이가 15장 있었습니다. 그중에서 12장을 사용하고 친구에게 몇 장을 받았더니 35장이 되었습니다. 친구에게 받은 색종이는 몇 장일까요?

( )

12 1부터 9까지의 수 중에서 □ 안에 들어갈 수 있는 수는 모두 몇 개일까요?

$$29<\boxed{}5-31$$

( )

콩쥐의 시계

>> 정답 44쪽

▶ □ 안에 알맞은 수를 써넣으세요.

콩쥐의 엄마는 콩쥐가 어렸을 때 병으로 돌아가셔서 콩쥐는 새엄마랑 살게 되었어요. 새엄마는 마음씨 착한 콩쥐에게 늘 힘든 일만 시켰어요. 오늘도 새엄마는 밖으로 나가면서 콩쥐에게 많은 일을 시켰어요.

"시계의 짧은바늘이 숫자 6을 가리키고, 긴바늘이 숫자 12를 가리킬 때 돌아올 것이니 그 전에 일을 모두 끝내도록 하거라."

콩쥐가 대답했어요.

"네. 그럼 어머니께서 돌아오시는 ❶□시까지 일을 모두 끝낼게요."

쉬지 않고 일을 한 콩쥐는 커다란 항아리에 물을 가득 채우면 일을 다 끝낼 수 있게 되었어요. 하지만 항아리의 밑바닥이 깨져 있어 물을 가득 채울 수가 없었어요.

"어쩌나, 짧은바늘이 숫자 4와 5의 가운데, 긴바늘이 숫자 6을 가리키는 ❷□시 ❸□분인데, 흑흑……."

이때 커다란 두꺼비 한 마리가 나타나 자신의 몸으로 항아리의 깨진 부분을 막아 주었어요.

두꺼비의 도움으로 항아리에 물을 가득 채우고 시계를 보았더니 짧은바늘이 숫자 5와 6의 가운데, 긴바늘이 숫자 6을 가리키고 있었어요.

"아직 ❹□시 ❺□분이네."

두꺼비의 도움으로 콩쥐는 새엄마가 돌아오시기 전에 쉴 수 있었어요.

어떤 교과서를 쓰더라도 ALWAYS

우등생 시리즈

국어/수학 | 초 1~6(학기별), **사회/과학** | 초 3~6학년(학기별)

세트 구성 | 초 1~2(국/수), 초 3~6(국/사/과, 국/수/사/과)

POINT 1

동영상 강의와 스케줄표로
쉽고 빠른 홈스쿨링 학습서

POINT 2

모든 교과서의 개념과
문제 유형을 빠짐없이 수록

POINT 3

온라인 성적 피드백 &
오답노트 앱(수학) 제공

평가
자료집

실력에 따라 과목별로 다양하게 준비했어요!

수학 전문 교재

● 연산 학습
  빅터연산   예비초~6학년, 총 20권
  창의융합 빅터연산   예비초~4학년, 총 16권

● 개념 학습
  개념클릭 해법수학   1~6학년, 학기용

● 수준별 수학 전문서
  해결의법칙(개념/유형/응용)   1~6학년, 학기용

● 단원평가 대비
  수학 단원평가   1~6학년, 학기용
  밀등전략 초등 수학   1~6학년, 학기용

● 단기완성 학습
  초등 수학전략   1~6학년, 학기용

● 상위권 학습
  최고수준 S 수학   1~6학년, 학기용
  최고수준 수학   1~6학년, 학기용
  최강 TOT 수학   1~6학년, 학년용

● 경시대회 대비
  해법 수학경시대회 기출문제   1~6학년, 학기용

예비 중등 교재

● **해법 반편성 배치고사 예상문제**   6학년
● **해법 신입생 시리즈(수학/영어)**   6학년

맞춤형 학교 시험대비 교재

● **열공 전과목 단원평가**   1~6학년, 학기용(1학기 2~6년)

한자 교재

● **한자능력검정시험 자격증 한번에 따기**   8~3급, 총 9권
● **씽씽 한자 자격시험**   8~5급, 총 4권
● **한자 전략**   8~5급Ⅱ, 총 12권

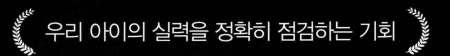

배움으로 행복한 내일을 꿈꾸는
천재교육 커뮤니티 안내 ...

교재 안내부터 구매까지 한 번에!
천재교육 홈페이지

자사가 발행하는 참고서, 교과서에 대한 소개는 물론
도서 구매도 할 수 있습니다. 회원에게 지급되는 별을 모아
다양한 상품 응모에도 도전해 보세요!

다양한 교육 꿀팁에 깜짝 이벤트는 덤!
천재교육 인스타그램

천재교육의 새롭고 중요한 소식을 가장 먼저 접하고 싶다면?
천재교육 인스타그램 팔로우가 필수!
깜짝 이벤트도 수시로 진행되니 놓치지 마세요!

수업이 편리해지는
천재교육 ACA 사이트

오직 선생님만을 위한, 천재교육 모든 교재에 대한 정보가 담긴
아카 사이트에서는 다양한 수업자료 및 부가 자료는 물론
시험 출제에 필요한 문제도 다운로드하실 수 있습니다.

https://aca.chunjae.co.kr

천재교육을 사랑하는 샘들의 모임
천사샘

학원 강사, 공부방 선생님이시라면 누구나 가입할 수 있는 천사샘!
교재 개발 및 평가를 통해 교재 검토진으로 참여할 수 있는 기회는 물론
다양한 교사용 교재 증정 이벤트가 선생님을 기다립니다.

아이와 함께 성장하는 학부모들의 모임공간
튠맘 학습연구소

튠맘 학습연구소는 초·중등 학부모를 대상으로 다양한 이벤트와 함께
교재 리뷰 및 학습 정보를 제공하는 네이버 카페입니다.
초등학생, 중학생 자녀를 둔 학부모님이라면 튠맘 학습연구소로 오세요!

꼭 알아야 하는 개념을 붙임딱지 로 쉽게! 재미있게!

교구재 활용법

초등 수학 1·2

여러 가지 모양 만들기
규칙 만들기

붙임딱지를 이용하여 여러 가지 모양을 완성하고
자신만의 무늬를 만들어 보세요.

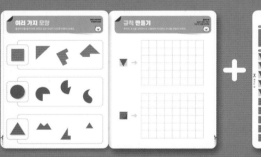

창의·융합+실력 UP

붙임딱지를 이용하여 재미있게
창의·융합+실력UP 문제를 풀어 보세요.

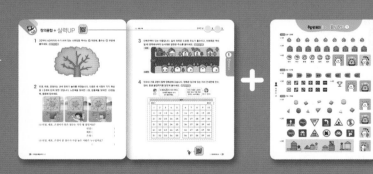

정답은 정확하게, 풀이는 자세하게

꼼꼼 풀이집

정답

문제의 풀이 중에서 이해가 되지 않는 부분은
우등생 홈페이지(home.chunjae.co.kr)
일대일 문의에 올려주세요.

홈스쿨링
우등생

초등
수학 1·2

천재교육

꼼꼼 풀이집
포인트 2가지

▶ 단원별 학부모 지도 가이드 제공

▶ 참고, 주의, 다른 풀이 등과 함께 친절한 해설 제공

꼼꼼 풀이집

수학 1-2

1 단원 100까지의 수

>> 이런 점에 중점을 두어 지도해요

"사탕은 70개입니다."에서 70은 칠십이라고 읽어도 되고, 일흔이라고 읽어도 됩니다. 그러나 "나의 대기 번호는 70번입니다."에서 70은 칠십으로만 읽습니다. 이와 같이 차례, 번호, 길이, 무게를 나타낼 때에는 칠십이라고 읽습니다. 지도할 때에는 규칙을 알려주기보다는 다양한 상황을 제시하여 경험을 통해 익히도록 합니다.

>> 이런 점이 궁금해요!!

● 100을 잘 이해하지 못해요.

99보다 1만큼 더 큰 수를 100이라 합니다. 이해가 잘 되지 않는다면 9보다 1만큼 더 큰 수를 10이라고 약속한 것을 알려 줍니다.

이전에 배운 내용 확인하기   7쪽

1 (1) 41 (2) 34
2 25, 28, 29
3 서른(또는 삼십), 쉰(또는 오십)

---

1 10개씩 묶음의 수와 낱개의 수를 세어 순서대로 씁니다.

3 | 열 | — | 스물 | — | 서른 | — | 마흔 | — | 쉰 |
|---|---|---|---|---|---|---|---|---|
| 10 | | 20 | | 30 | | 40 | | 50 |

1 단계 교과서 개념   10~11쪽

1 (1) 70 (2) 80
2 6, 60
3 (1) 80 ; 팔십, 여든 (2) 90 ; 구십, 아흔
4

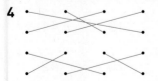

1 한 묶음에 10개씩 들어 있습니다.

---

2 복숭아는 10개씩 묶음이 6개이므로 60개입니다.

3 (1) 10개씩 묶음이 8개이므로 80입니다.
    80은 팔십 또는 여든이라고 읽습니다.
  (2) 10개씩 묶음이 9개이므로 90입니다.
    90은 구십 또는 아흔이라고 읽습니다.

4
60	70	80	90
육십	칠십	팔십	구십
예순	일흔	여든	아흔

참고
여러 상황 속에서 '몇십'을 바르게 읽습니다.
예 • 사탕은 60개입니다. (육십, 예순)
  • 나의 신발장 번호는 60번입니다. (육십)

1 단계 교과서 개념   12~13쪽

1 (1) 8, 6 ; 86 (2) 6, 4 ; 64
2 7, 3, 73
3 68
4 (1) 예

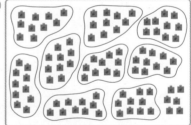

; 96 ; 구십육, 아흔여섯
  (2) 예

; 71 ; 칠십일, 일흔하나

1 (1) 사탕은 10개씩 묶음 8개와 낱개 6개이므로 86개입니다.

2 10개씩 묶음 7개는 70이고 낱개 3개는 3이므로 70과 3은 73입니다.

3 낱개로 있는 달걀을 묶으면 Ⅰ0개씩 묶음 Ⅰ개와 낱개 8개입니다. 따라서 달걀은 Ⅰ0개씩 묶음 6개와 낱개 8개이므로 68개입니다.

4 (1) 낱개를 Ⅰ0개씩 묶어서 세어 보면 Ⅰ0개씩 묶음 9개와 낱개 6개이므로 모형은 모두 96개입니다.
96은 구십육 또는 아흔여섯이라고 읽습니다.

> **주의**
> 수를 읽을 때 숫자만 읽으면 안 됩니다.
> 예 65 ⇨ ┌ 육오(×)
>   └ 육십오(◯)

2단계 교과서+익힘책 유형 연습   14~15쪽

1 예
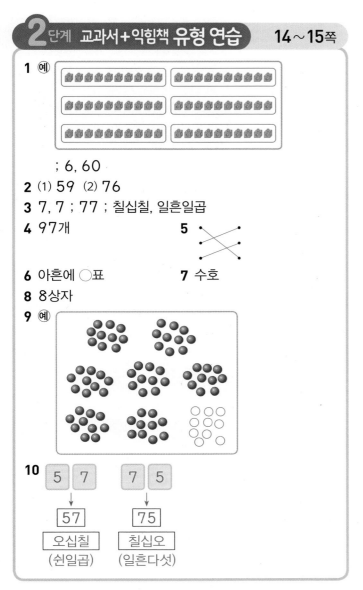

; 6, 60
2 (1) 59 (2) 76
3 7, 7 ; 77 ; 칠십칠, 일흔일곱
4 97개   **5**
6 아흔에 ◯표   **7** 수호
8 8상자
9 예

10
| 5 | 7 | | 7 | 5 |

↓   ↓
57   75
오십칠   칠십오
(쉰일곱)   (일흔다섯)

1 모형을 Ⅰ0개씩 묶어 세어 보면 Ⅰ0개씩 묶음이 6개이므로 60입니다.

---

2 (1) Ⅰ0개씩 묶음 5개는 50, 낱개 9개는 9이므로 59입니다.
(2) Ⅰ0개씩 묶음 7개는 70, 낱개 6개는 6이므로 76입니다.

3 Ⅰ0개씩 묶음 7개와 낱개 7개이므로 77입니다.
77은 칠십칠 또는 일흔일곱이라고 읽습니다.

4
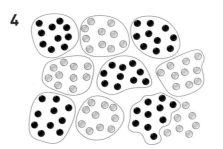

바둑돌을 Ⅰ0개씩 묶어 보면 Ⅰ0개씩 묶음 9개와 낱개 7개이므로 바둑돌은 모두 97개입니다.

6 의자가 한 줄에 Ⅰ0개씩 9줄이므로 의자는 모두 90(구십, 아흔)개 있습니다.

7
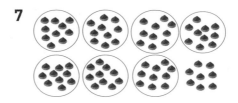

밤의 수를 세어 보면 Ⅰ0개씩 묶음 7개와 낱개 8개이므로 78개입니다. 78은 칠십팔 또는 일흔여덟이라고 읽으므로 밤은 일흔여덟 개 있습니다.
따라서 밤의 수를 바르게 말한 사람은 수호입니다.

8 낱개 20개는 Ⅰ0개씩 묶음 2상자가 되므로 빵은 모두 Ⅰ0개씩 묶음 8상자가 됩니다.

9
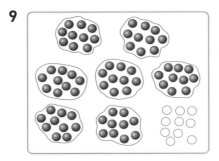

세어 보면 Ⅰ0개씩 묶음이 7개이므로 Ⅰ0개씩 묶음을 Ⅰ개 더 그리면 80이 됩니다.

1단계 교과서 개념 16~17쪽

1 백
2 63, 66, 69
3 94, 95, 98, 100 ; 100
4 (1) 75, 77, 80, 82　(2) 82, 85, 87, 89
5
6 (1) 79, 81　(2) 98, 100

---

3 93부터 수를 순서대로 씁니다. 99보다 1만큼 더 큰 수는 99 다음 수인 100입니다.

4 (1) 1씩 커지도록 수를 써넣습니다.
　(2) 83보다 1만큼 더 작은 수는 82입니다. 84보다 1만큼 더 큰 수는 85입니다.

5 87보다 1만큼 더 큰 수는 87 다음 수인 88입니다.
90보다 1만큼 더 작은 수는 90 바로 앞의 수인 89입니다.

6 (1) • 80보다 1만큼 더 작은 수는 80 바로 앞의 수이므로 79입니다.
　　• 80보다 1만큼 더 큰 수는 80 바로 뒤의 수이므로 81입니다.
　(2) • 99보다 1만큼 더 작은 수는 99 바로 앞의 수인 98입니다.
　　• 99보다 1만큼 더 큰 수는 99 바로 뒤의 수인 100입니다.

1단계 교과서 개념 18~19쪽

1 < ; (1) 작습니다에 ○표, <　(2) 큽니다에 ○표, >
2 (1) 예  ; ×
　(2) 예 ; ○
3 6 ; 짝수에 ○표
4 67, 62 ; 67에 ○표
5 (1) >　(2) <

---

2 (1) 7은 둘씩 짝을 지을 수 없으므로 ×표 합니다.
　(2) 8은 둘씩 짝을 지을 수 있으므로 ○표 합니다.

3 토끼는 6마리이고 둘씩 짝을 지을 수 있으므로 짝수입니다.

4 왼쪽 벌은 10마리씩 묶음 6개와 낱개 7마리이므로 67마리이고, 오른쪽 벌은 10마리씩 묶음 6개와 낱개 2마리이므로 62마리입니다.
따라서 10개씩 묶음의 수가 같으므로 낱개의 수를 비교합니다. 7>2이므로 67이 62보다 더 큽니다.

5 (1) 10개씩 묶음의 수를 비교하면 8>6이므로 84>67입니다.
　(2) 10개씩 묶음의 수가 같으므로 낱개의 수를 비교하면 6<8입니다. ⇨ 56<58

> **참고**
> 부등호의 방향은 두 수 중 큰 수 쪽으로 향합니다. 동물들이 더 큰 먹이, 더 많은 먹이를 향해 입을 벌리는 모습을 생각하여 부등호의 방향을 이해하면 좋습니다.
>
>
> 84 　　 67

2단계 교과서+익힘책 유형 연습 20~21쪽

1 홀수
2
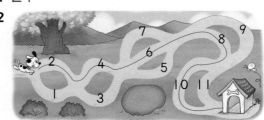

3 (1) 88, 86　(2) 97, 99, 100
4 (1) <　(2) >
5 73, 87
6 15, 13, 19
7 ㉠
8 80에 ○표
9 54, 56 ; 65, 87
10 민규, 성진, 혜연

11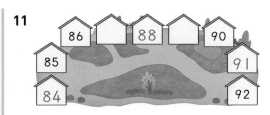

12 63, 76

13 (1) 홀수에 ○표 (2) 짝수에 ○표

1 소라는 17개이고, 둘씩 짝을 지을 수 없으므로 홀수입니다.

3 (1) 오른쪽으로 갈수록 1씩 작아지고 있으므로
90-89-88-87-86입니다.
(2) 오른쪽으로 갈수록 1씩 커지고 있으므로
96-97-98-99-100입니다.

4 (1) 10개씩 묶음의 수를 비교하면 6<7이므로
63<76입니다.
(2) 10개씩 묶음의 수가 같으므로 낱개의 수를 비교하면
7>4입니다. ⇨ 87>84

5 73>68, 60<68, 59<68, 87>68
따라서 68보다 큰 수는 73, 87입니다.

6 홀수는 둘씩 짝을 지을 수 없는 수로 낱개의 수가 1, 3, 5, 7, 9입니다. 따라서 홀수는 15, 13, 19입니다.

7 ㉠ 80 ㉡ 100 ㉢ 100

8 58, 80, 69에서 10개씩 묶음의 수를 비교하면
8>6>5입니다. 따라서 가장 큰 수는 80입니다.

9 ・60보다 작은 수: 56, 54
⇨ 54<56
・60보다 큰 수: 65, 87
⇨ 65<87

10 혜연: 85개, 민규: 92개,
성진: 85보다 1만큼 더 큰 수는 86이므로 86개입니다.
따라서 민규, 성진, 혜연이의 순서대로 많이 땄습니다.

11 85번 아래 가게에 84번을 씁니다.
90번 오른쪽 아래 가게에 91번을 씁니다.
86번에서 두 칸 더 간 곳에 88번을 씁니다.

12 51 - 63 - 76 - 77
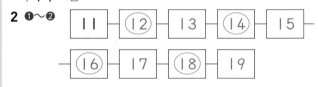
72

13 (1) 친구가 전학을 오기 전 하진이네 반 학생 수는 11명이었으므로 홀수입니다.
(2) 친구가 전학을 온 후 하진이네 반 학생 수는 12명이므로 짝수입니다.

3단계 서술형 문제 해결   22~23쪽

1 ❶ 1, 74 ▶3점
❷ 74 ▶3점
; 74 ▶4점

2 ❶~❷

11	12	13	14	15

16	17	18	19

▶수를 모두 쓴 경우 2점, 짝수에 모두 ○표 한 경우 2점

❸ 4 ▶2점
; 4 ▶4점

3 ❶ 2, 7, 75 ▶2점
❷ 6, 69 ▶2점
❸ >, 빨간색 ▶2점
; 빨간색 ▶4점

4 (예) ❶ 10장씩 묶음 8개와 낱개 8장이므로 태현이는 88장 모았습니다. ▶2점
❷ 낱개 16장은 10장씩 묶음 1개와 낱개 6장이므로 인수는 10장씩 묶음 8개와 낱개 6장인 86장 모았습니다. ▶2점
❸ 따라서 88>86이므로 더 적게 모은 사람은 인수입니다. ▶2점
; 인수 ▶4점

4

채점 기준		
태현이가 모은 칭찬 붙임딱지의 수를 구한 경우	2점	
인수가 모은 칭찬 붙임딱지의 수를 구한 경우	2점	10점
칭찬 붙임딱지를 더 적게 모은 사람을 찾은 경우	2점	
답을 바르게 쓴 경우	4점	

단원평가 ① 회   24~25쪽

1
```
○
△
```

2 83개   **3** ③
4 97, 99, 100
5

6 <
7 (1) 80, 81 (2) 67 (3) 93
8 (1) 아니요에 ○표 (2) ㉠ (3) ㉠
9 92, 85, 67, 59
10 예) 10개씩 묶음의 수가 가장 큰 수는 93입니다. ▶3점
따라서 상을 받는 학생은 지혜입니다. ▶3점
; 지혜 ▶4점

1 위쪽에 있는 양말은 6개로 둘씩 짝을 지을 수 있으므로
짝수이고, 아래쪽에 있는 양말은 7개로 둘씩 짝을 지을
수 없으므로 홀수입니다.

2
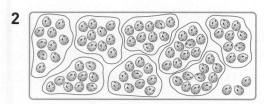

메추리알을 10개씩 묶어 보면 10개씩 묶음 8개와 낱
개 3개입니다.
⇨ 83개

3 ③ 87 — 팔십칠 — 여든일곱

4 96 바로 다음 수는 97이고, 98 바로 다음 수는 99이
고, 99 바로 다음 수는 100입니다.

5 89부터 100까지 순서대로 이어 돌고래 모양을 완성합
니다.

6 76 < 99
      7 < 9
10개씩 묶음의 수를 비교하면 76이 99보다 작습니다.

7 (1) 79 — 80 — 81 — 82
         79와 82 사이에 있는 수

8 (3) 10개씩 묶음의 수가 클수록 더 큰 수입니다.

9 10개씩 묶음의 수를 비교하면 9>8>6>5이므로
큰 수부터 차례로 쓰면 92, 85, 67, 59입니다.

10

채점 기준		
가장 큰 수를 찾은 경우	3점	
상을 받는 학생이 누구인지 구한 경우	3점	10점
답을 바르게 쓴 경우	4점	

단원평가 ② 회   26~27쪽

1 70 ; 칠십, 일흔
2 68 ; 육십팔, 예순여덟
3 69, 72
4 67, 예순일곱에 ○표
5 81, >, 80
6 ④   **7** ③
8 7, 8, 9   **9** 23송이
10 예) 10개씩 묶음의 수에 가장 작은 수인 6을 쓰고 낱
개의 수에 두 번째로 작은 수인 7을 씁니다. ▶3점
따라서 만들 수 있는 가장 작은 수는 67입니다. ▶3점
; 67 ▶4점

1 10개씩 묶음이 7개이므로 70이라 쓰고 칠십 또는 일
흔이라고 읽습니다.

2 10개씩 묶음 6개와 낱개 8개인 수는 68이고, 68은
육십팔 또는 예순여덟이라고 읽습니다.

3 70 바로 앞의 수는 69이고, 71 바로 뒤의 수는 72입
니다.

4 10개씩 묶음 6개와 낱개 7개는 67(육십칠, 예순일곱)
입니다.

5 82보다 1만큼 더 작은 수는 82 바로 앞의 수인 81이고, 79보다 1만큼 더 큰 수는 79 바로 뒤의 수인 80입니다. ⇨ 81 > 80

6 낱개의 수가 2, 4, 6, 8, 0이면 짝수입니다.
따라서 ①, ②, ③, ⑤는 짝수이고, ④는 홀수입니다.

7 [1]은 60~69번이므로 10개씩 묶음이 6개인 사물함,
[2]는 70~79번이므로 10개씩 묶음이 7개인 사물함,
[3]은 80~89번이므로 10개씩 묶음이 8개인 사물함,
[4]는 90~99번이므로 10개씩 묶음이 9개인 사물함입니다.
채영이는 10개씩 묶음이 8개인 열쇠를 가지고 있으므로 [3]에서 사물함을 찾아야 합니다.

8 10개씩 묶음의 수를 비교하면 □ > 7이므로 □ 안에 8, 9가 들어갈 수 있고, 낱개의 수를 비교하면 7 > 6이므로 □ 안에 7도 들어갈 수 있습니다.
따라서 □ 안에 들어갈 수 있는 수는 7, 8, 9입니다.

9 83은 10개씩 묶음 8개와 낱개 3개입니다.
이 중에서 10개씩 묶음 6개를 빼면
10개씩 묶음 8 − 6 = 2(개)와 낱개 3개가 남습니다.
따라서 담지 않은 포도는 23송이입니다.

10

채점 기준		
10개씩 묶음의 수와 낱개의 수를 찾은 경우	3점	
가장 작은 수를 구한 경우	3점	10점
답을 바르게 쓴 경우	4점	

창의융합 + 실력UP 28~29쪽

1 예

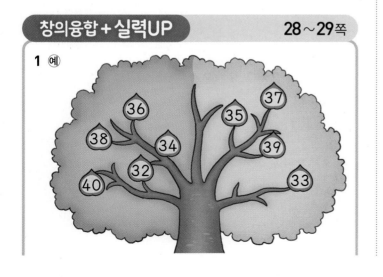

---

2 (1) 58점, 62점, 74점 (2) 은정

3

4

화면									
출입구									출입구
1	2	3	4	5	6	7	8	9	10
11	12	13	14	15	16	17	18	19	20
21	22	23	24	25	26	27	28	29	30
31	32	33	34	35	36	37	38	39	40
41	42	43	44	45				49	50
51	52	53	54	55	56	57	58	59	60

→ 46, 47, 48번 자리에 민수, 동생, 엄마를 붙이거나 엄마, 동생, 민수를 차례로 붙였으면 정답입니다.

1 32부터 40까지의 수 중에서 짝수는 32, 34, 36, 38, 40이고, 홀수는 33, 35, 37, 39입니다.

2 (1) 민경: 10점에 5개, 1점에 8개의 화살을 맞혔으므로 58점을 얻었습니다.
태호: 10점에 6개, 1점에 2개의 화살을 맞혔으므로 62점을 얻었습니다.
은정: 10점에 7개, 1점에 4개의 화살을 맞혔으므로 74점을 얻었습니다.
(2) 58, 62, 74의 크기를 비교하면 74 > 62 > 58이므로 가장 큰 수는 74입니다.
따라서 점수가 가장 높은 사람은 은정입니다.

3 61부터 시작이므로

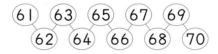

의 순서로 붙임딱지를 붙입니다.

4 46번부터 나란히 붙어 앉아 있으므로 자리 번호는 46, 47, 48번입니다.
이 중에서 홀수는 47이므로 동생의 자리 번호는 47번입니다.
민수와 엄마의 자리는 서로 바뀌어도 정답입니다.

2 단원 덧셈과 뺄셈 (1)

>> **이런 점에 중점을 두어 지도해요**

세 수 이상의 수가 나오면 앞에서부터 차례로 계산해야 한다고 생각하는 경우가 있습니다. 하지만 덧셈의 경우 10을 만들 수 있는 두 수를 찾아 먼저 더하는 것이 훨씬 계산이 빨라집니다. 세 수의 덧셈에서 합이 10이 되는 두 수를 먼저 더하고 나머지 수를 더해 보세요.

>> **이런 점이 궁금해요!!**

● **10에서 빼기를 어려워 해요.**
공깃돌 10개를 양손에 넣고 흔들면서 두 손으로 가른 다음 각각의 손에 몇 개씩 들어 있는지 맞혀 보세요. 이 때 왼손에 있는 공깃돌의 수를 알고 오른손에 있는 공깃돌의 수를 찾아내어 보면 10에서 빼기를 학습할 수 있어요.

이전에 배운 내용 확인하기 31쪽

1 (1) 9 (2) 7   **2** (1) 4 (2) 2
3 (1) 7 (2) 5
4 | 7 | − | 2 | = | 5 |

1 단계 교과서 개념 34~35쪽

1 (1) $1+4+2=7$
    5
    7
(2) $8-2-4=2$
    6
    2

2 (1) 9 (2) 2
3 (위에서부터) (1) 6 ; 4, 4, 6 (2) 1 ; 5, 5, 1
4 (1) 8 (2) 8
5 (1) 4 (2) 3

4 (1) $3+3+1=8$
      7
      8
(2) $2+1+5=8$
      3
      8

5 (1) $9-2-3=4$
      7
      4
(2) $8-1-4=3$
      7
      3

2 단계 교과서+익힘책 유형 연습 36~37쪽

1 (1) 3, 2, 7 (또는 2, 3, 7) (2) 2, 3, 3 (또는 3, 2, 3)
2   **3** (1) 9 (2) 4
4   **5** $9-3-1=5$
                                  6
                                  5

6 (예)  → 2칸을 색칠했으면 정답입니다.

7 2
8 (예) $8-4-3=1$ ▶5점 ; 1개 ▶5점
9 (예) 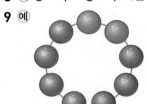 ; 2, 3, 4, 9

10 1, 5 (또는 5, 1)
11 1, 3 (또는 3, 1)

2 초록색 색종이 5장, 빨간색 색종이 2장, 노란색 색종이 1장을 모두 더하는 덧셈식은 $5+2+1=8$입니다.

3 (1) $3+5+1=9$
      8
      9
(2) $8-1-3=4$
      7
      4

4 $4+1+2=7$, $9-2-3=4$, $2+2+2=6$
    5   7   4
    7   4   6

6 $8-2-4=2$ ⇨ 2칸만큼 색칠합니다.
      6
      2

7 $9-3-4=6-4=2$(개)

9 세 가지 색으로 팔찌를 색칠하고 색깔별로 세어서 덧셈
식으로 나타냅니다.
세 가지 색으로 색칠한 구슬 수를 이용하여 합이 9인 덧
셈식을 만들면 정답입니다.

10 두 장의 카드를 합하여 6이 되는 두 수는 1과 5입니다.

11 7에서 순서대로 뺐을 때 3이 나오는 두 장의 카드는
1과 3입니다.

1단계 교과서 개념　　　　　　　38~39쪽

1 10
2 (1) 1 (2) 6
3 9, 10 ; 10
4 6, 4 (또는 4, 6)
5 (1) 3, 10 (2) 6, 10
6 (1)
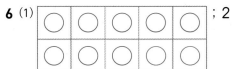
; 2
(2)

; 5

4 흰색 바둑돌이 6개, 검은색 바둑돌이 4개이면 6과 4를
더하여 10입니다.

5 (1) 딸기 맛 우유가 7개, 바나나 맛 우유가 3개이면 7과
3을 더하여 10입니다.

6 (1) 8과 더해서 10을 만들 수 있는 수는 2입니다.

1단계 교과서 개념　　　　　　　40~41쪽

1 (1) 4 ; 4 (2) 2 ; 2
2 2
3 (1) 예 ⊘⊘⊘⊘⊘⊘⊘⊘⊘⊘ ; 3
(2) 예 ⊘⊘⊘⊘⊘⊘⊘⊘⊘⊘ ; 8
4 (1) 7 (2) 6
5 5, 5
6 (1) 9 (2) 1

---

1 (1) 10은 6과 4로 가르기를 할 수 있습니다.
따라서 10−6=4입니다.
(2) 10은 2와 8로 가르기를 할 수 있습니다.
따라서 10−2=8입니다.

2 구슬 10개 중에서 8개를 지우면 남아 있는 구슬은 2개
입니다.
⇨ 10−8=2

3 (1) 구슬 10개 중에서 7개를 /으로 지우면 남아 있는 구
슬은 3개입니다.
⇨ 10−7=3
(2) 구슬 10개 중에서 2개를 /으로 지우면 남아 있는 구
슬은 8개입니다.
⇨ 10−2=8

4 (1) 주스 10잔 중에서 3잔을 마셨으므로
10−3=7(잔)이 남아 있습니다.
(2) 새 10마리 중에서 4마리가 날아갔으므로
10−4=6(마리)가 남아 있습니다.

5 검은색 바둑돌 10개와 흰색 바둑돌 5개를 하나씩 짝 지
으면 검은색 바둑돌 5개가 남으므로 10−5=5입니다.

6 (1) 10에서 1을 빼면 9입니다.
⇨ 10−1=9
(2) 10에서 9를 빼면 1입니다.
⇨ 10−9=1

2단계 교과서+익힘책 유형 연습　　42~43쪽

1 2, 10
2 (1) 8 (2) 2
3
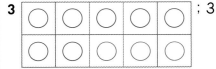
; 3
4 (1) 7 (2) 9
5 (1) 4 (2) 5

31
~
42
쪽

6

2+8	3+3	2+4	1+9
5+5	4+5	2+7	7+3
3+7	6+3	5+5	8+2
6+4	8+1	3+2	4+6
9+1	3+7	6+2	3+7

; 너

7 6, 부 ; 3, 모 ; 7, 님

8 덧셈식 $4+6=10$ (또는 $6+4=10$)
뺄셈식 $10-6=4$ (또는 $10-4=6$)

9 $5+5=10$ ▶5점 ; 10쪽 ▶5점

10

```
    4  ⑦③  5
    1  5  ⑥④
    7  ⑧②  7
    ⑨①  6  5
```

; $6+4=10, 8+2=10, 9+1=10$

11 3, 7

2 (1) 펭귄 10마리 중 2마리가 이글루로 들어가면 펭귄 8마리가 남습니다.
(2) 탬버린 10개와 캐스터네츠 8개를 하나씩 짝 지으면 탬버린이 2개 남습니다.

3 10이 되도록 ○를 그리고 세어 보면 3개이므로 7과 더해서 10이 되는 수는 3입니다.

4 (1) ○○○●●●●●●● ⇨ $3+\boxed{7}=10$
(2) ●●●●●●●●●○ ⇨ $\boxed{9}+1=10$

6 $1+9=10, 2+8=10, 3+7=10, 4+6=10,$
$5+5=10, 6+4=10, 7+3=10, 8+2=10,$
$9+1=10$

7 10에서 빼기를 한 후 차에 해당하는 글자를 찾아 쓰면 부모님입니다.

8 덧셈식 ⇨ $4+6=10$ 또는 $6+4=10$
뺄셈식 ⇨ $10-6=4$ 또는 $10-4=6$

9 (어제와 오늘 읽은 동화책의 쪽수)
=(어제 읽은 동화책의 쪽수)+(오늘 읽은 동화책의 쪽수)
$=5+5=10$(쪽)

11 10개의 컵 중에서 3개를 넘어뜨렸으므로 남은 컵은
$10-3=7$(개)입니다.

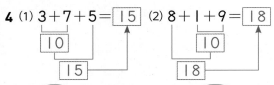

1단계 교과서 개념 *44~45쪽*

1 15

2 (1) 13 (2) 13

3 (1) 15 (2) 14

4 (1) $3+7+5=\boxed{15}$
$\boxed{10}$
$\boxed{15}$
(2) $8+1+9=\boxed{18}$
$\boxed{10}$
$\boxed{18}$

5 (1) $⑦+③+6=\boxed{16}$ (2) $1+⑧+②=\boxed{11}$

2 참고
앞의 두 수를 먼저 더하는 방법과 뒤의 두 수를 먼저 더하는 방법의 결과는 같습니다.

4 (1) 앞의 두 수 3과 7을 먼저 더해 10을 만든 뒤 10과 5를 더하면 15입니다.
(2) 뒤의 두 수 1과 9를 먼저 더해 10을 만든 뒤 10과 8을 더하면 18입니다.

5 (1) $7+3+6=16$
10
16
(2) $1+8+2=11$
10
11

2단계 교과서+익힘책 유형 연습 *46~47쪽*

1 (왼쪽에서부터) 10, 12

2 (1) 예 ; 5, 5
(2) 예 ; 4, 6

3 (1) 14 (2) 17 (3) 16

4 15

5 (교차 연결선)

6 16

7 ㉢, ㉠, ㉡

8 5, 3, 13 (또는 3, 5, 13)

9 예 $\boxed{2}+\boxed{5}+\boxed{5}=\boxed{12}$(권)

10 13, 15

11 3, 13 ; 5, 14 ; 2

2 합이 10이 되도록 빈 접시에 ○를 그리고, □ 안에 각각의 접시에 그린 ○의 수를 써넣습니다.
두 접시에 그린 ○의 수의 합이 10이 되도록 그리고 식을 썼으면 정답입니다.

5
$8+2+3=13$ $5+6+4=15$ $7+5+5=17$
$\underset{10}{\underline{\quad}}$
13 15 17
$10+3=13$ $5+10=15$ $7+10=17$

6 $6+3+7=6+10=16$

7 ㉠ $5+5+5=10+5=15$
㉡ $7+3+4=10+4=14$
㉢ $8+1+9=8+10=18$
⇨ $18>15>14$이므로 계산 결과가 큰 것부터 차례로 기호를 쓰면 ㉢, ㉠, ㉡입니다.

8 파란색 색연필 5자루와 빨간색 색연필 5자루를 더한 뒤 노란색 색연필 3자루를 더합니다.
⇨ $5+5+3=10+3=13$(자루)

9 $2+5+5=2+10=12$(권)
더하는 세 수의 순서를 바꾸어 써도 정답입니다.

10 $2+8+3=10+3=13$
$2+8+5=10+5=15$

11 1모둠: $3+4+6=3+10=13$
2모둠: $5+5+4=10+4=14$
$13<14$이므로 1모둠보다 2모둠이 고리를 더 많이 걸었습니다.

3단계 서술형 문제 해결   48~49쪽

1 ❶ 3▶3점 ❷ 3▶3점 ; 3▶4점
2 ❶ 9, 15▶3점 ❷ 15▶3점 ; 15▶4점
3 ❶ 2▶3점 ❷ 2, 2, 3▶3점 ; 3▶4점
4 ㉘ ❶ 동화책을 빌려 갔으므로 뺄셈으로 나타내면
$9-4-3$입니다.▶3점
❷ 따라서 학급 문고에 남아 있는 동화책은
$9-4-3=5-3=2$(권)입니다.▶3점
; 2권▶4점

4

채점 기준		
뺄셈으로 나타낸 경우	3점	
남아 있는 동화책 수를 구한 경우	3점	10점
답을 바르게 쓴 경우	4점	

단원평가 ① 회   50~51쪽

1 7

2 (1) $1+2+4=\boxed{7}$ (2) $4+2+8=\boxed{14}$
$\boxed{3}$ $\boxed{10}$
$\boxed{7}$ $\boxed{14}$

3 3

4 (1) (8 3 / 2) ; 13   (2) (6 4 / 7) ; 17

5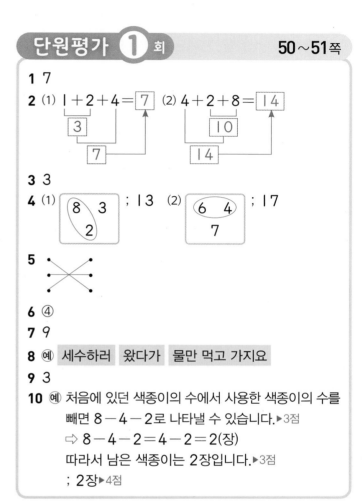

6 ④

7 9

8 ㉘ 세수하러   왔다가   물만 먹고 가요

9 3

10 ㉘ 처음에 있던 색종이의 수에서 사용한 색종이의 수를 빼면 $8-4-2$로 나타낼 수 있습니다.▶3점
⇨ $8-4-2=4-2=2$(장)
따라서 남은 색종이는 2장입니다.▶3점
; 2장▶4점

1 아이스크림과 숟가락을 하나씩 짝 지었을 때 짝 지어지지 않은 아이스크림 수를 세어 보면 7개입니다.

2 (1) 왼쪽에서부터 두 수씩 차례로 더합니다.
⇨ $1+2+4=7$
$\underset{3}{\underline{\quad}}$
7

(2) 합이 10이 되는 두 수를 먼저 더하면 편리합니다.
⇨ $4+2+8=14$
$\underset{10}{\underline{\quad}}$
14

3 ○○○○○○○●●● ⇨ $7+\boxed{3}=10$
3개를 그리면 모두 10개입니다.

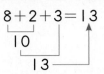

4 (1) 8과 2의 합이 10입니다.

$$8+2+3=13$$
$$\underbrace{}_{10}$$
$$13$$

(2) 6과 4의 합이 10입니다.

$$6+4+7=17$$
$$\underbrace{}_{10}$$
$$17$$

5 $5+3+1=8+1=9$
$2+3+7=2+10=12$
$1+4+3=5+3=8$

6 ① $2+7=9$ ② $5+4=9$
③ $2+5=7$ ④ $8+2=10$
⑤ $3+6=9$

7 $3+2+4=9$
$$\underbrace{}_{5}$$
$$9$$

8 $4+3+7=4+10=14$

9 가장 큰 수: 8
나머지 두 수: 2, 3
⇨ $8-2-3=3$
$$\underbrace{}_{6}$$
$$3$$

10

채점 기준		
뺄셈으로 나타낸 경우	3점	
남은 색종이의 수를 구한 경우	3점	10점
답을 바르게 쓴 경우	4점	

단원평가 ②회 52~53쪽

1 10

2 $9-7-1=1$
$$\underbrace{}_{2}$$
$$1$$

3 $\boxed{1}+\boxed{4}+\boxed{4}=\boxed{9}$
(또는 $\boxed{4}+\boxed{1}+\boxed{4}=\boxed{9}$, $\boxed{4}+\boxed{4}+\boxed{1}=\boxed{9}$)

---

4 $4+8+2=14$
$$\underbrace{}_{10}$$
$$14$$

5 5

6
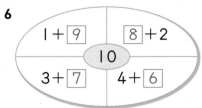

7 (1) $\boxed{1}+\boxed{3}+\boxed{5}=\boxed{9}$
(2) $\boxed{7}-\boxed{4}-\boxed{2}=\boxed{1}$

8 $10-6=4$ ▶5점 ; 4개 ▶5점

9 17

10 예) 10명 중에서 2명이 ×라고 답했으므로 ○라고 답한 사람은 $10-2$ ▶3점 $=8$(명)입니다. ▶3점
; 8명 ▶4점

---

3 세 수의 덧셈식을 씁니다.

4 더해서 10이 되는 두 수를 먼저 더합니다.
$4+8+2=4+10=14$

5 ○○○○○○⊘⊘⊘⊘
⇨ $10-5=5$

6 $1+9=10$, $8+2=10$, $3+7=10$, $4+6=10$

7 (1) 도+미+솔 ⇨ $1+3+5=4+5=9$
(2) 시-파-레 ⇨ $7-4-2=3-2=1$

8 펴고 있는 손가락의 수를 세면 6개입니다.
(접고 있는 손가락의 수)
=(전체 손가락의 수)-(펴고 있는 손가락의 수)
$=10-6=4$(개)

9 $10-3=7$이므로 ■$=7$이고
■$+5+5=7+5+5=7+10=17$이므로
▲$=17$입니다.

10

채점 기준		
뺄셈으로 나타낸 경우	3점	
○라고 답한 사람의 수를 구한 경우	3점	10점
답을 바르게 쓴 경우	4점	

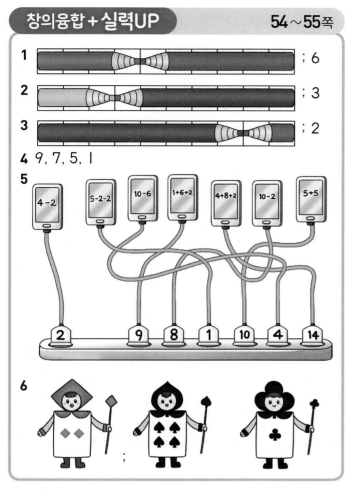

1   ; 6

2   ; 3

3   ; 2

4 9, 7, 5, 1

5

6

---

1 4에 6을 더하면 10이 됩니다. ⇨ $4+6=10$

2 7을 더하여 10이 되는 수는 3입니다. ⇨ $3+7=10$

4 ㉠ $1+6+2=9$
㉡ $9-5-3=1$
㉢ $5+1+1=7$
㉣ $10-5=5$
$9>7>5>1$ ⇨ 비밀번호는 9751입니다.

5 $5-2-2=3-2=1$, $10-6=4$,
$1+6+2=7+2=9$, $4+8+2=4+10=14$,
$10-2=8$, $5+5=10$

6 • 하트 수는 6이고 6과 더해서 10이 되는 수는 4이므
로 스페이드 수는 4입니다.
• $4-2-1=1$, $4-1-2=1$, $4-3-0=1$,
$4-0-3=1$인데 다이아몬드 수와 클로버 수의 차
는 1이므로 두 수는 1과 2입니다.
클로버 수가 가장 작으므로 다이아몬드 수는 2, 클로버
수는 1입니다.

---

③ 단원   모양과 시각

>> **이런 점에 중점을 두어 지도해요**

주변에서 ■, ▲, ● 모양을 찾아봅니다.
■, ● 모양은 찾기 쉬운데 ▲ 모양은 눈에 잘 띄지 않습
니다. ▲ 모양은 트라이앵글, 삼각김밥, 조각 케이크, 피
라미드, 조각 피자, 교통 표지판, 삼각자, 수박 조각 등에
서 찾을 수 있습니다.
각 모양의 특징을 알아보고 분류해 보도록 합니다.
시계 보기는 학생들의 실생활 경험과 관련지어 시각의
쓰임을 알게 합니다. 하루 동안 있었던 일을 시각으로 표
현하고 시계를 이용하여 바르게 말하고 나타내게 함으로
써 올바르게 시계를 사용하는 방법을 알게 합니다.

>> **이런 점이 궁금해요!!**

• **■, ▲, ● 모양을 정확히 그릴 수 있어야 하나요?**
모양에 대한 개념을 가지고 물체의 모양을 대고 그릴
수 있으면 됩니다. 자를 이용하여 그리는 방법은 다음
학년에서 배우게 됩니다.

• **■, ▲, ● 모양의 차이점은 어느 정도 알아야 하나요?**
■, ▲ 모양은 뾰족한 부분이 있고, 반듯한 선으로 되어
있는 점과 뾰족한 부분이 몇 군데 있는지 알아두세요.
● 모양은 뾰족한 부분과 반듯한 부분이 없이 둥근 부
분만 있다는 점을 알고 있으면 됩니다.

• **긴바늘이 6을 가리킬 때 시계를 보는 방법을 헷갈려해요.**
짧은바늘이 지나온 숫자와 지나갈 숫자의 가운데(사
이)를 가리킬 때, 지나온 숫자를 보고 '○시 30분'이라
고 말합니다. 예를 들어 짧은바늘이 숫자 8과 9 사이
에 있으면 8은 지났고 9는 아직 지나지 않았으므로 8
시 30분이라고 읽습니다.

이전에 배운 내용 확인하기   **57쪽**

1

2 ●에 ○표

3 2개, 2개, 1개

1단계 교과서 개념   60~61쪽

1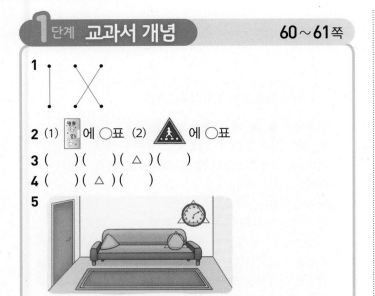

2 (1) 필통 에 ○표 (2) △ 에 ○표
3 ( ) ( ) (△) ( )
4 ( ) (△) ( )
5

1 공책은 ■ 모양, 탬버린은 ● 모양, 삼각자는 △ 모양입니다.

2 (1) 옷걸이와 삼각자는 △ 모양입니다.
  (2) 시계는 ● 모양, 주사위는 ■ 모양입니다.

3 왼쪽에서부터 세 번째 블록은 △ 모양입니다.

4 트라이앵글은 △ 모양, 주사위는 ■ 모양이므로 서로 다른 모양입니다.

5 문과 카페트는 ■ 모양입니다.
  △ 모양 쿠션이 있습니다.

1단계 교과서 개념   62~63쪽

1 △ 에 ○표
2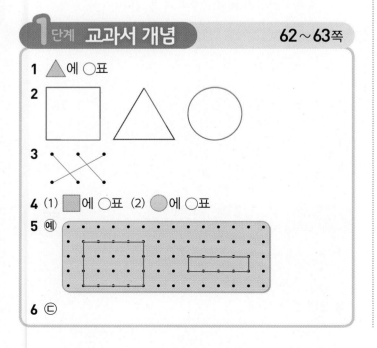
3
4 (1) ■ 에 ○표 (2) ● 에 ○표
5 예
6 ㉢

1 바닥에 닿은 부분을 본뜨면 △ 모양입니다.

2 · ■ 모양은 뾰족한 부분과 곧은 선이 4개씩 있게 그립니다.
  · △ 모양은 뾰족한 부분과 곧은 선이 3개씩 있게 그립니다.
  · ● 모양은 뾰족한 부분 없이 둥글게 그립니다.

4 (1) 아랫부분의 모양은 윗부분과 같은 ■ 모양입니다.
  (2) 아랫부분의 모양은 윗부분과 같은 ● 모양입니다.

5 뾰족한 부분이 4군데가 되도록 그립니다.

6 △ 모양은 뾰족한 부분이 3군데입니다.

2단계 교과서+익힘책 유형 연습   64~65쪽

1
2
3 △ 에 ○표   4
5 (1) ■ 에 ○표 (2) ■, △ 에 ○표
6 예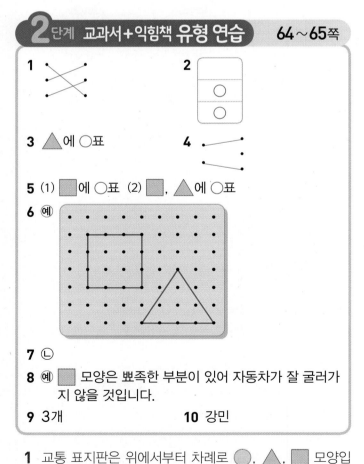
7 ㉡
8 예 ■ 모양은 뾰족한 부분이 있어 자동차가 잘 굴러가지 않을 것입니다.
9 3개   10 강민

1 교통 표지판은 위에서부터 차례로 ●, △, ■ 모양입니다.

  삼각 김밥은 △ 모양, 스케치북은 ■ 모양, 시계는 ● 모양입니다.

2 ⬤ 모양은 곧은 선이 없습니다.

3 뾰족한 부분이 세 군데 있는 모양은 ▲ 모양입니다.

5 (2) 아래에 있는 부분을 고무찰흙 위에 찍으면 ▲ 모양이 나오고, 옆에 있는 부분을 고무찰흙 위에 찍으면 ▢ 모양이 나옵니다.

6 ▢ 모양은 점 4개를 곧은 선으로 잇습니다.
   ▲ 모양은 점 3개를 곧은 선으로 잇습니다.

7 모양 조각들은 ▢ 모양이므로 뾰족한 부분이 4군데입니다.

9 뾰족한 부분이 없는 모양은 ⬤ 모양이므로 모두 3개입니다.

10 잠자리는 ▢와 ⬤ 모양으로 되어 있고, 애벌레는 ⬤ 모양으로만 되어 있습니다.

1단계 교과서 개념　66~67쪽

1 (1) ▢, ▲　(2) ▲, ▢
2 2개
3 (1) ▢에 ◯표　(2) ▲에 ◯표
4 (1) 2, 4, 1　(2) 3, 2, 3　(3) 1, 4, 1

2 버스의 바퀴를 만드는 데 ⬤ 모양 2개를 이용했습니다.

4 (1)

▢ 모양: / 표시를 한 모양으로 2개입니다.

▲ 모양: ∨ 표시를 한 모양으로 4개입니다.

⬤ 모양: 가운데에 있는 모양으로 1개입니다.

참고
모양을 만드는 데 이용한 모양의 개수를 세는 문제의 경우 빠뜨리거나 두 번 세지 않도록 ∨, ◯, / 등의 표시를 하면서 세어 봅니다.

2단계 교과서+익힘책 유형 연습　68~69쪽

1 (1) ▲　(2) ▢　　**2** 2개, 5개, 1개
3 (　)(◯)　　**4** ▲
5 ⬤　　**6** ▲에 ◯표
7 ▢에 ◯표　　**8** 1개
9 ㉡
10 (예)

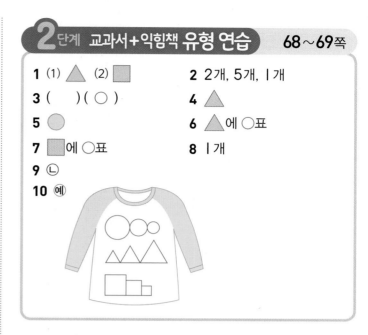

1 (1) ▲ 모양으로만 만든 모양입니다.
　(2) ▢ 모양으로만 만든 모양입니다.

2 같은 모양끼리 ∨, ◯, / 표시를 하면서 세어 봅니다.

3 왼쪽 모양은 ▢ 모양 2개, ▲ 모양 1개, ⬤ 모양 3개를 이용했습니다.
   오른쪽 모양은 ▢ 모양 1개, ▲ 모양 4개, ⬤ 모양 2개를 이용했습니다.

4 이용한 모양은 ▢ 모양과 ⬤ 모양입니다.

5 왼쪽 모양은 ▲ 모양과 ⬤ 모양, 오른쪽 모양은 ▢ 모양과 ⬤ 모양을 이용했습니다.

6 ▢ 모양 5개, ▲ 모양 3개, ⬤ 모양 4개를 이용하여 만든 모양입니다.

7 ▢ 모양 6개, ▲ 모양 1개, ⬤ 모양 2개를 이용하여 만든 모양입니다.

8 ▢ 모양 4개, ▲ 모양 5개이므로 ▲ 모양은 ▢ 모양보다 5−4=1(개) 더 많이 이용했습니다.

9 ㉠은 주어진 모양 조각이 아닌 모양 조각도 이용하여 만들었습니다.

10 ▢, ▲, ⬤ 모양을 이용하여 자유롭게 옷을 꾸며 봅니다.

1단계 교과서 개념 · 70~71쪽

1 7, 7, 일곱

2 (1)  (2)

3 (1) 3 (2) 6

4 (1) 7시 (2) 5시

5 (1)  (2)

(3)  (4)

2 (1) 2시이므로 짧은바늘이 2, 긴바늘이 12를 가리키도록 나타냅니다.
(2) 5시이므로 짧은바늘이 5, 긴바늘이 12를 가리키도록 나타냅니다.

3 (1) 3 : 00에서 :의 앞의 수가 3이고, :의 뒤의 수가 0이므로 3시입니다.
(2) 짧은바늘이 6, 긴바늘이 12를 가리키므로 6시입니다.

4 (1) 7 : 00에서 :의 앞의 수가 7이고, :의 뒤의 수가 0이므로 7시입니다.
(2) 짧은바늘이 5, 긴바늘이 12를 가리키므로 5시입니다.

5 (1) 4시이므로 짧은바늘이 4, 긴바늘이 12를 가리키도록 나타냅니다.
(2) 3시이므로 짧은바늘이 3, 긴바늘이 12를 가리키도록 나타냅니다.
(3) 11시이므로 짧은바늘이 11, 긴바늘이 12를 가리키도록 나타냅니다.
(4) 1시이므로 짧은바늘이 1, 긴바늘이 12를 가리키도록 나타냅니다.

1단계 교과서 개념 · 72~73쪽

1 6, 4

2 (1) 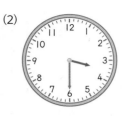 (2)

3 (1) 6, 30 (2) 7, 30

4 (1) 4시 30분 (2) 2시 30분

5 (1)  (2)

(3) (4)

2 (1) 11시 30분이므로 짧은바늘이 11과 12의 가운데, 긴바늘이 6을 가리키도록 나타냅니다.
(2) 3시 30분이므로 짧은바늘이 3과 4의 가운데, 긴바늘이 6을 가리키도록 나타냅니다.

3 (1) 6 : 30에서 :의 앞의 수가 6이고, :의 뒤의 수가 30이므로 6시 30분입니다.
(2) 짧은바늘이 7과 8의 가운데, 긴바늘이 6을 가리키므로 7시 30분입니다.

4 (1) 4 : 30에서 :의 앞의 수가 4이고, :의 뒤의 수가 30이므로 4시 30분입니다.
(2) 짧은바늘이 2와 3의 가운데, 긴바늘이 6을 가리키므로 2시 30분입니다.

5 (1) 5시 30분이므로 짧은바늘이 5와 6의 가운데, 긴바늘이 6을 가리키도록 나타냅니다.
(2) 8시 30분이므로 짧은바늘이 8과 9의 가운데, 긴바늘이 6을 가리키도록 나타냅니다.
(3) 10시 30분이므로 짧은바늘이 10과 11의 가운데, 긴바늘이 6을 가리키도록 나타냅니다.
(4) 12시 30분이므로 짧은바늘이 12와 1의 가운데, 긴바늘이 6을 가리키도록 나타냅니다.

1 (1) 12 (2) 6, 30   2 ( )( )(○)

3

4 동규

5 ; 10시 30분

6 ( )(△)( )

7 10시   8 8시 30분

9
| 영화를 관람한 시각 | 학원에 간 시각 |

10   11

12

1 (1) 짧은바늘이 12, 긴바늘이 12를 가리키므로 12시 입니다.
  (2) 짧은바늘이 6과 7의 가운데, 긴바늘이 6을 가리키 므로 6시 30분입니다.

2 짧은바늘이 9와 10의 가운데, 긴 바늘이 6을 가리키는 시계를 찾습니다.

3 · 왼쪽 위의 시계는 짧은바늘이 4, 긴바늘이 12를 가리 키므로 4시입니다.
  · 왼쪽 아래의 시계는 짧은바늘이 7과 8의 가운데, 긴 바늘이 6을 가리키므로 7시 30분입니다.

4 짧은바늘이 12와 1의 가운데, 긴바늘이 6을 가리키므 로 12시 30분입니다.

5 짧은바늘이 10과 11의 가운데, 긴바늘이 6을 가리키 도록 그리면 시각은 10시 30분입니다.

6 긴바늘이 6을 가리킬 때 짧은바늘은 숫자와 숫자의 가 운데에 있어야 합니다.

7 수업을 들은 장면의 시각을 알아보면 짧은바늘이 10, 긴바늘이 12를 가리키므로 10시입니다.

8 텔레비전을 본 장면의 시각을 알아보면 짧은바늘이 8과 9의 가운데, 긴바늘이 6을 가리키므로 8시 30분입니다.

9 ·영화를 관람한 시각은 2시 30분이므로 짧은바늘이 2와 3의 가운데, 긴바늘이 6을 가리키도록 나타냅니다.
  ·학원에 간 시각은 6시이므로 짧은바늘이 6, 긴바늘이 12를 가리키도록 나타냅니다.

10 수영하기는 3시이므로 짧은바늘이 3, 긴바늘이 12를 가리키도록 나타냅니다.

11 발레하기는 11시 30분이므로 짧은바늘이 11과 12 의 가운데, 긴바늘이 6을 가리키도록 나타냅니다.

12 공부하기는 5시 30분이므로 짧은바늘이 5와 6의 가운 데, 긴바늘이 6을 가리키도록 나타냅니다.

1 ❶ ㉤▶4점 ❷ 정수▶2점
 ; 정수▶4점

2 ❶ 5, 30, 4, 30▶3점 ❷ 주영▶3점 ; 주영▶4점

3 ❶ 5▶2점 ❷ 3▶2점 ❸ 2▶2점
 ; 2▶4점

4 예 ❶ ▢ 모양은 4개입니다.▶2점
   ❷ △ 모양은 3개입니다.▶2점
   ❸ 따라서 ▢ 모양은 △ 모양보다 4−3=1(개) 더 많습니다.▶2점
   ; 1개▶4점

4	채점 기준		
■ 모양의 수를 구한 경우		2점	
▲ 모양의 수를 구한 경우		2점	10점
두 모양의 수의 차를 구한 경우		2점	
답을 바르게 쓴 경우		4점	

8 ■ 모양 6개, ▲ 모양 4개, ● 모양 3개를 이용했습니다.

9 출발 시각: 8시 30분이므로 짧은바늘이 8과 9의 가운데, 긴바늘이 6을 가리키도록 나타냅니다.
도착 시각: 11시이므로 짧은바늘이 11, 긴바늘이 12를 가리키도록 나타냅니다.

10 ● 모양은 8개, ■ 모양은 6개입니다. 따라서 ● 모양은 ■ 모양보다 8－6＝2(개) 더 많습니다.

단원평가 ① 회　　78～79쪽

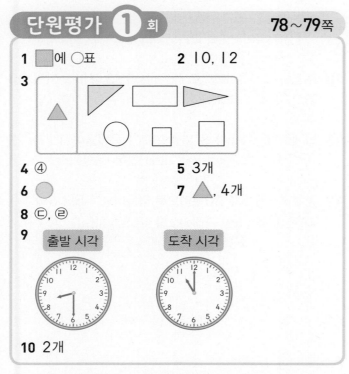

1 ■에 ○표　　　　2 10, 12
3 [도형들]
4 ④　　　　　　　5 3개
6 ●　　　　　　　7 ▲, 4개
8 ©, ②
9 출발 시각 / 도착 시각 [시계들]
10 2개

2 긴바늘이 12를 가리키면 '몇 시'입니다.

3 ▲ 모양을 모두 찾아 색칠합니다.

4 ① 10시 30분 ② 6시 ③ 2시
④ 2시 30분 ⑤ 4시

5 ■ 모양: 3개, ▲ 모양: 1개, ● 모양: 3개

6 뾰족한 부분이 없고 병뚜껑과 같은 모양은 ● 모양입니다.

7 점선을 따라 잘랐을 때 생기는 모양을 알아보고 수를 세어 봅니다.

단원평가 ② 회　　80～81쪽

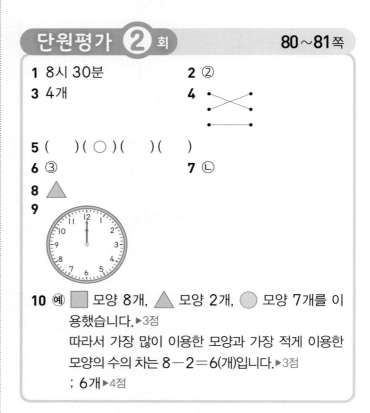

1 8시 30분　　　　2 ②
3 4개　　　　　　4 [선 잇기]
5 (　) (○) (　) (　)
6 ③　　　　　　　7 ©
8 ▲
9 [시계]
10 예 ■ 모양 8개, ▲ 모양 2개, ● 모양 7개를 이용했습니다. ▶3점
따라서 가장 많이 이용한 모양과 가장 적게 이용한 모양의 수의 차는 8－2＝6(개)입니다. ▶3점
; 6개 ▶4점

1 짧은바늘이 8과 9의 가운데, 긴바늘이 6을 가리키므로 8시 30분입니다.

2 ①, ⑤ ⇨ ● 모양
② ⇨ ■ 모양
③, ④ ⇨ ▲ 모양

3 ■ 모양: 4개, ▲ 모양: 4개, ● 모양: 2개

5 ㉠ ▲　 ㉡ □　 ㉢ ◺　 ㉣ ◁
㉠, ㉢, ㉣은 ▲ 모양이고, ㉡은 ■ 모양입니다.

6 짧은바늘이 가리키는 숫자를 알아봅니다.
① 5 ② 5와 6의 가운데 ③ 6 ④ 6과 7의 가운데 ⑤ 7

7 ㉠은 △ 모양 1개를 이용하지 않았습니다.

8 ▢ 모양 6개, △ 모양 2개, ○ 모양 5개를 이용했습니다. 따라서 2개를 이용한 △ 모양을 가장 적게 이용했습니다.

9 짧은바늘과 긴바늘이 같은 숫자를 가리키는 시각은 짧은바늘과 긴바늘 모두 12를 가리키는 12시입니다.

10

채점 기준		
▢, △, ○ 모양의 수를 구한 경우	3점	
가장 많이 이용한 모양과 가장 적게 이용한 모양의 수의 차를 구한 경우	3점	10점
답을 바르게 쓴 경우	4점	

창의융합+실력UP 82~83쪽

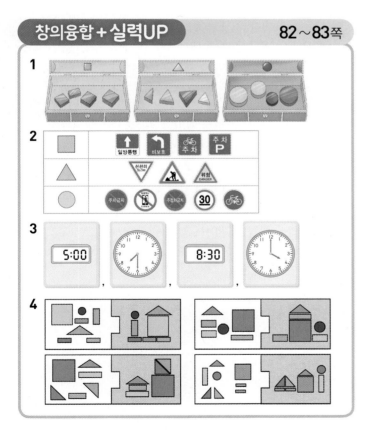

3 ㉠ 5시 ㉡ 7시 30분
㉢ 8시 30분 ㉣ 4시

---

4 단원 **덧셈과 뺄셈 (2)**

이전에 배운 내용 확인하기 85쪽

1 1, 3, 2, 6
2 (1) 4＋5＋5＝14

(2) 2＋7＋3＝12

3 (1) 2 (2) 3

3 (1) 7－2－3＝5－3＝2
(2) 9－3－3＝6－3＝3

1단계 교과서 개념 88~89쪽

1 (1) 12 (2) 16 2 11
3 (1) 예 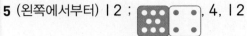 ; 13

(2) 예 ; 14

4 13
5 (왼쪽에서부터) 12 ; , 4, 12

1 한 개의 십 배열판을 모두 채우면 나머지 십 배열판에 몇 개가 남는지 알아봅니다.
(1) 5+7=10+2=12
(2) 8+8=10+6=16

3 한 개의 십 배열판이 모두 채워지도록 ○를 그려 넣고 나머지 십 배열판을 채웁니다.

4 4개를 더 옮겨 윗줄에 구슬 10개와 아랫줄에 구슬 3개가 되었으므로 모두 13개입니다.

5 3+9=12이므로 8과 더해 12가 되려면 점을 4개 더 그려야 합니다.

1단계 교과서 개념 90~91쪽

1 (왼쪽에서부터) 4, 14 ; 14
2 (1) (왼쪽에서부터) 7, 11 (2) (왼쪽에서부터) 2, 11
3 (1) 14 (2) 15
4 (1) (왼쪽에서부터) 6, 13 (2) (왼쪽에서부터) 3, 12
   (3) (왼쪽에서부터) 1, 18 (4) (왼쪽에서부터) 2, 16
5 (1) 12 (2) 11

1 6과 더하여 10을 만들기 위해 8을 4와 4로 가르기하는 방법입니다.

2 (1) 3과 더하여 10을 만들기 위해 8을 가르기하는 방법입니다.
  (2) 8과 더하여 10을 만들기 위해 3을 가르기하는 방법입니다.

3 빨간색 구슬이 모두 10개이므로 나머지 구슬이 몇 개인지 알아봅니다.

5 (1) 4+8=12

      2   2

   (2) 9+2=11

      1   1

1단계 교과서 개념 92~93쪽

1 10, 11, 12
2 (1) 12, 13 (2) 14, 13
3 (1) 14, 14 (2) 11, 11
4 (1) 13, 13, 13 (2) (위에서부터) 13, 12, 13
5 (1) 8+6. 7+7, 6+8, 5+9에 ○표
   (2) 9+7, 8+8에 △표

1 1씩 큰 수를 더하면 합도 1씩 커집니다.

2 (1) 더해지는 수는 항상 6이고, 더하는 수는 5부터 1씩 커지면 합도 11, 12, 13으로 1씩 커집니다.
  (2) 더하는 수는 항상 9이고, 더해지는 수는 6부터 1씩 작아지면 합도 15, 14, 13으로 1씩 작아집니다.

3 두 수의 위치가 바뀌어도 합이 같습니다.

4 (1) 7+6=13
      8+5=13
      9+4=13
  (2) 4+9=13
      5+7=12
      5+8=13

5 (1) 9+5=14, 8+6=14, 7+7=14,
      6+8=14, 5+9=4
  (2) 9+7=16, 8+8=16, 7+9=16

1 (왼쪽에서부터) 1, 16
2 (1) (왼쪽에서부터) 2, 14 (2) (왼쪽에서부터) 1, 13
3 (1) 14 (2) 16 　　　　**4** 13, 14, 15
5 (　)(　)(○)
6
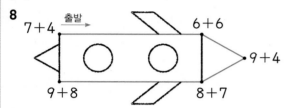
7 >
8

7+4 　출발→ 　　　6+6
　　　　　　　　　　　　　　　　9+4
9+8 　　　　　　8+7

9 5+8=13 ▶5점 ; 13쪽 ▶5점
10 (1) 7개 (2) 8, 7, 15
11

(6+6)	7+7	(9+3)
7+6	8+6	5+8

12 6, 7 (또는 7, 6) ; 13
13 의자, 나무 (또는 나무, 의자)

---

1 7을 1과 6으로 가르기를 하여 9와 1을 먼저 더해 10 을 만들고 남은 6을 더하면 16입니다.

2 (1) 6을 2와 4로 가르기를 하여 8과 2를 먼저 더해 10을 만들고 남은 4를 더하면 14입니다.

$$8+6=14$$
　　2　4

(2) 4를 3과 1로 가르기를 하여 9와 1을 먼저 더해 10을 만들고 남은 3을 더하면 13입니다.

$$4+9=13$$
　　3　1

3 (1) $9+5=14$
　　　1　4
(2) $8+8=16$
　　　6　2

4 더하는 수는 항상 같고 더해지는 수는 5부터 1씩 커지 면 합도 1씩 커집니다.

5 $9+6=15$, $8+6=14$, $5+8=13$
따라서 합이 13인 덧셈은 5+8입니다.

6 $6+6=12$, $9+4=13$, $6+8=14$

7 $7+6=13$, $3+9=12$
　　⇨ $13>12$

8 $7+4=11$, $6+6=12$, $9+4=13$,
　　$8+7=15$, $9+8=17$

9 (어제 읽은 쪽수)+(오늘 읽은 쪽수)
　　$=5+8=13$(쪽)

10 8개의 타일이 붙어 있고 7개를 더 붙여야 합니다.
　　⇨ $8+7=15$(개)

11 $6+8=14$이므로 합이 7+7, 8+6과 같습니다.
　　$5+7=12$이므로 합이 6+6, 9+3과 같습니다.
　　$8+5=13$이므로 합이 7+6, 5+8과 같습니다.

12 가장 작은 수 6과 두 번째로 작은 수 7을 더합니다.

13 $5+8=13$

---

1 (1) 8 (2) 9
2 (1) 7 (2) 9
3 7
4 13, 9, 4 ; 4개
5 5, 9, 5 ; 9

---

1 (1) 14개에서 6개를 빼면 8개가 남습니다.
(2) 16개에서 7개면 빼면 9개가 남습니다.

2 (1) 12와 5가 차이나는 부분을 세면 7입니다.
　　⇨ $12-5=7$
(2) 13과 4가 차이나는 부분을 세면 9입니다.
　　⇨ $13-4=9$

3 왼쪽에 있던 구슬 14개 중에서 7개를 오른쪽으로 옮겨 왼쪽에 구슬 7개가 남았습니다.

1단계 교과서 개념   98~99쪽

1 8
2 (1) 10 (2) 10
3 (1) (왼쪽에서부터) 4, 6
   (2) (왼쪽에서부터) 4, 6
4 (1) (왼쪽에서부터) 1, 6
   (2) (왼쪽에서부터) 3, 7
5 (1) (왼쪽에서부터) 2, 8
   (2) (왼쪽에서부터) 5, 5
   (3) (왼쪽에서부터) 5, 9
   (4) (왼쪽에서부터) 2, 5

1 7을 5와 2로 가르기를 하여 15에서 5를 먼저 빼고 남은 10에서 2를 빼면 8입니다.

2 (1) $17-7=10$ (2) $14-4=10$
        10   7   10   4

3 (1) 8을 4와 4로 가르기를 하여 14에서 4를 먼저 빼고 남은 10에서 4를 뺍니다.
   (2) 14를 10과 4로 가르기를 하여 10에서 8을 빼고 남은 2와 4를 더합니다.

4 (1) 5를 1과 4로 가르기를 하여 11에서 1을 먼저 빼고 남은 10에서 4를 빼면 6입니다.
   (2) 13을 10과 3으로 가르기를 하여 10에서 6을 빼고 남은 4와 3을 더하면 7입니다.

5 (1) 9를 7과 2로 가르기를 하여 17에서 7을 먼저 빼고 남은 10에서 2를 빼면 8입니다.
               $17-9=8$
                   7   2
   (2) 8을 3과 5로 가르기를 하여 13에서 3을 먼저 빼고 남은 10에서 5를 빼면 5입니다.
               $13-8=5$
                   3   5
   (3) 15를 10과 5로 가르기를 하여 10에서 6을 빼고 남은 4와 5를 더하면 9입니다.
   (4) 12를 10과 2로 가르기를 하여 10에서 7을 빼고 남은 3과 2를 더하면 5입니다.

1단계 교과서 개념   100~101쪽

1 7, 7 ; 1
2 (1) 6, 5, 4 (2) 7, 8, 9
3 (1) 7, 7, 7 (2) 8, 8, 8
4 (1) 8, 7, 6 (2) 9, 9, 9
5 11, 3, 8 ; 11, 8, 3

2 (1) 빼지는 수는 항상 13이고, 빼는 수는 1씩 커지므로 차는 1씩 작아집니다.
   (2) 빼는 수는 항상 7이고, 빼지는 수는 1씩 커지므로 차는 1씩 커집니다.

3 (1) 1씩 커지는 수에서 1씩 커지는 수를 빼면 차는 항상 똑같습니다.
   (2) 빼지는 수와 빼는 수가 각각 1씩 커지면 차는 항상 똑같습니다.

4 (1) $11-3=8$
        $11-4=7$
        $11-5=6$
   (2) $15-6=9$
        $16-7=9$
        $17-8=9$

5 3, 11, 8 중에서 가장 큰 수인 11을 빼지는 수로 하고, 3을 빼는 식과 8을 빼는 식을 각각 만듭니다.

2단계 교과서+익힘책 유형 연습   102~103쪽

1 (1) (왼쪽에서부터) 4, 7
   (2) (왼쪽에서부터) 6, 7
2 (1) 7 (2) 8   **3** 3, 4, 5
4

출발→ $11-2$
$14-8$
$13-6$
$15-7$
$12-7$

5 (위에서부터) 5, 7, 6

6 ㉣

7

$17 - 8 = 9$ 5
15 $13 - 5 = 8$
$14 - 7 = 7$ 6
19 $12 - 4 = 8$

8 윤서

9 $13 - 6 = 7$ ▶5점 ; 7대 ▶5점

10 $15 - 8 = 7$
$15 - 7 = 8$

11 $14, 5 ; 9$

12
$11-3$ □$13-7$ □$14-8$
$15-7$ □$16-8$ ○$15-6$
$12-4$ ○$18-9$ ○$16-7$

1 (1) 7을 4와 3으로 가르기를 하여 14에서 4를 먼저 빼고 남은 10에서 3을 빼면 7입니다.

$$14 - 7 = 7$$
$$\swarrow \searrow$$
$$4 \quad 3$$

(2) 16을 10과 6으로 가르기를 하여 10에서 9를 빼고 남은 1과 6을 더하면 7입니다.

$$16 - 9 = 7$$
$$\swarrow \searrow$$
$$10 \quad 6$$

2 (1) $15 - 8 = 7$
$$\swarrow \searrow$$
$$5 \quad 3$$

(2) $12 - 4 = 8$
$$\swarrow \searrow$$
$$10 \quad 2$$

3 빼지는 수는 항상 같고 빼는 수가 1씩 작아지면 차는 1씩 커집니다.
$\Rightarrow 11 - 8 = 3, 11 - 7 = 4, 11 - 6 = 5$

4 $11 - 2 = 9$
$15 - 7 = 8$
$13 - 6 = 7$
$14 - 8 = 6$
$12 - 7 = 5$

5 빼지는 수와 빼는 수를 모두 1씩 커지게 하여 차는 항상 8로 만듭니다.

6 ㉠ $11 - 4 = 7$
㉡ $15 - 9 = 6$
㉢ $13 - 8 = 5$
㉣ $12 - 3 = 9$
$\Rightarrow 9 > 7 > 6 > 5$이므로 계산 결과가 가장 큰 것은
㉣ $12 - 3 = 9$입니다.

7 $13 - 5 = 8$
$14 - 7 = 7$
$12 - 4 = 8$

8 건우: $15 - 8 = 7$, 윤서: $12 - 4 = 8$
$\Rightarrow 7 < 8$이므로 윤서가 이겼습니다.

9 (남아 있는 자동차 수)
=(처음에 있던 자동차 수)-(빠져나간 자동차 수)
=$13 - 6 = 7$(대)

11 가장 큰 수 14에서 가장 작은 수 5를 뺍니다.

12 $11 - 2 = 9$
$14 - 6 = 8$
$15 - 9 = 6$

3단계 서술형 문제 해결 104~105쪽

1 ❶ 12 ▶2점 ❷ 14 ▶2점 ❸ 12, 14, 승현 ▶2점
; 승현 ▶4점

2 ❶ 7, 7 ▶2점 ❷ 9, 5 ▶2점 ❸ 7, 5, 12 ▶2점
; 12 ▶4점

3 ❶ 4, 5 ▶3점 ❷ 9, 5, 14 ▶3점
; 14 ▶4점

4 예 ❶ 혜민이가 가지고 있는 공책은 8권이고, 안나가 가지고 있는 공책은 $8 - 5 = 3$(권)입니다. ▶3점
❷ 따라서 혜민이와 안나가 가지고 있는 공책은 모두 $8 + 3 = 11$(권)입니다. ▶3점
; 11권 ▶4점

4

채점 기준		
안나가 가지고 있는 공책 수를 구한 경우	3점	
두 사람이 가지고 있는 공책 수의 합을 구한 경우	3점	10점
답을 바르게 쓴 경우	4점	

단원평가 1 회   106~107쪽

1 (왼쪽에서부터) 2, 15
2 (1) 16 (2) 9
3 4, 3 ; 1
4 (○)(   )
    (   )(○)
5 13, 9
6 7, 7, 7
7 7, 8, 15 (또는 8, 7, 15)
8 13쪽
9 6개
10 예 성중이가 먹은 과일은 7+6=13(개)입니다.
    ▶2점 유진이가 먹은 과일은 9+5=14(개)입니다.▶2점 13<14이므로 유진이가 먹은 과일 수의 합이 더 큽니다.▶2점
    ; 유진▶4점

1 7을 2와 5로 가르기를 하여 8과 2를 먼저 더해 10을 만들고 남은 5를 더하면 15입니다.

2 (1) 7+9=16   (2) 15-6=9
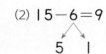

4 14-8=6, 16-9=7, 15-7=8, 12-6=6

5 6+7=13, 13-4=9

6 14-7=7, 15-8=7, 16-9=7

8 (세희가 아침과 저녁에 푼 쪽수)
    =(아침에 푼 쪽수)+(저녁에 푼 쪽수)
    =5+8
    =3+2+8
    =3+10=13(쪽)

9 (하정이가 더 가지고 있는 구슬 수)
    =(하정이가 가지고 있는 구슬 수)
       -(진수가 가지고 있는 구슬 수)
    =14-8
    =6(개)

10

채점 기준		
성중이가 먹은 과일 수의 합을 구한 경우	2점	
유진이가 먹은 과일 수의 합을 구한 경우	2점	10점
먹은 과일 수의 합이 누가 더 큰지 구한 경우	2점	
답을 바르게 쓴 경우	4점	

단원평가 2 회   108~109쪽

1 (왼쪽에서부터) 4, 8
2 (1) (왼쪽에서부터) 1, 14 (2) (왼쪽에서부터) 3, 6
3 9, 9   **4**

5 >
6

7 15, 단 ; 17, 팥 ; 13, 빵
8 6개 ; 9+6=15
9 예 별 모양 쿠키의 수에서 달 모양 쿠키의 수를 빼면 14-5=9입니다.▶3점
    따라서 별 모양 쿠키는 달 모양 쿠키보다 9개 더 많습니다.▶3점
    ; 9개▶4점
10 7

1 6을 4와 2로 가르기를 하여 14에서 4를 먼저 빼고 남은 10에서 2를 빼면 8입니다.

2 (1) 5를 1과 4로 가르기를 하여 9와 1을 먼저 더해 10을 만들고 남은 4를 더하면 14입니다.
　　(2) 13을 10과 3으로 가르기를 하여 10에서 7을 빼고 남은 3과 3을 더하면 6입니다.

3 빼지는 수와 빼는 수가 각각 1씩 커지면 차는 항상 똑같습니다.

4 $8+5=13$, $7+4=11$, $9+3=12$

5 $13-4=9$, $15-7=8$
　　$\Rightarrow 9>8$

6 분홍색: $2+9=1+1+9$
　　　　　　　$=1+10=11$
　　노란색: $8+5=\underline{8+2}+3$
　　　　　　　$=10+3=13$
　　파란색: $4+7=1+\underline{3+7}$
　　　　　　　$=1+10=11$

7 ・$7+8=5+\underline{2+8}=5+10=15$
　　　$\Rightarrow$ 단
　　・$9+8=9+\underline{1+7}=10+7=17$
　　　$\Rightarrow$ 팥
　　・$4+9=3+\underline{1+9}=3+10=13$
　　　$\Rightarrow$ 빵

9

채점 기준		
별 모양 쿠키와 달 모양 쿠키의 수의 차를 구하는 식을 쓴 경우	3점	
별 모양 쿠키는 달 모양 쿠키보다 몇 개 더 많은지 구한 경우	3점	10점
답을 바르게 쓴 경우	4점	

10 $4+8=12 \Rightarrow \blacksquare=12$
　　$\blacksquare-7=\blacktriangle \Rightarrow 12-7=5$, $\blacktriangle=5$
　　$\blacktriangle+6=\bullet \Rightarrow 5+6=11$, $\bullet=11$
　　$12>11>5$이므로 가장 큰 수는 12이고, 가장 작은 수는 5입니다.
　　따라서 $\blacksquare$, $\blacktriangle$, $\bullet$ 중 가장 큰 수와 가장 작은 수의 차는 $12-5=7$입니다.

1

2

3 ┌─ 물고기 모양과 상관없이 숫자만 맞으면 정답입니다.

4 $7+9=16$; 16마리

1 ・$11-9=2$이므로 오른쪽으로 2칸 갑니다.
　　・$11-8=3$이므로 아래쪽으로 3칸 갑니다.
　　・$13-8=5$이므로 오른쪽으로 5칸 갑니다.
　　・$10-8=2$이므로 아래쪽으로 2칸 갑니다.

2 $7+7=14$, $13-9=4$, $12-7=5$,
　　$6+5=11$, $15-6=9$, $14-7=7$,
　　$9+9=18$, $4+8=12$

3 $6+7=13$, $2+9=11$, $8+7=15$

4 개구리가 7마리, 다람쥐가 9마리이므로 동물들은 모두 $7+9=16$(마리)입니다.

5 단원 규칙 찾기

>> 이런 점에 중점을 두어 지도해요

규칙 찾기는 미래를 예측하고 추측하는 데 매우 중요한 역할을 합니다. 실생활 장면을 통하여 새로운 규칙을 만들거나 자신이 창의적으로 만든 여러 가지 형태의 규칙을 정하고, 그 규칙에 따라 새로운 표현을 만들어 내도록 해도 좋습니다.

>> 이런 점이 궁금해요!!

• 가정에서 규칙 찾기 학습을 어떻게 해야 하나요?
  집안에서뿐만 아니라 가족과 함께 가는 모든 곳에서 규칙을 찾을 수 있습니다. 어떤 규칙에 따라 옷을 정리하면 좋을지 이야기해 보거나 숟가락, 젓가락을 놓으면서도 규칙을 찾을 수 있습니다.

이전에 배운 내용 확인하기　113쪽

1 (○) (　) (　) (○)

2

| 31 | 32 | 33 | 34 | 35 | 36 | 37 | 38 | 39 | 40 |
| 41 | 42 | 43 | 44 | 45 | 46 | 47 | 48 | 49 | 50 |

3 (1) ▢ ▢ ● ▢ ▢ ● ▢ ● ▢ ●

(2) ● ▢ ● ● ▢ ● ● ▢ ● ●

4 (1) 70에 ○표 (2) 81에 ○표

1단계 교과서 개념　116~117쪽

1 ▽

2 노란색

3 (1) ☆　(2) ☀에 ○표

4 돼지

5 ▲●▲▲●

6 ㉡

1 ▽와 △가 반복되는 규칙입니다.

2 ● ● ●이 반복되는 규칙입니다.

3 (2) ☆ ☀ ☀가 반복되는 규칙이므로 빈칸에 알맞은 모양은 ☀입니다.

4 토끼─토끼─돼지─돼지가 반복되는 규칙이므로 빈칸에 알맞은 동물은 돼지입니다.

5 ▲▲●가 반복되는 규칙이므로 빈칸에 알맞은 모양은 ▲, ●, ▲, ▲, ●입니다.

6 연필─지우개가 반복되는 규칙입니다.

참고
반복되는 규칙을 찾을 때에는 반복되는 부분이 끝날 때마다 /으로 구분을 하면 규칙을 찾기 쉽습니다.

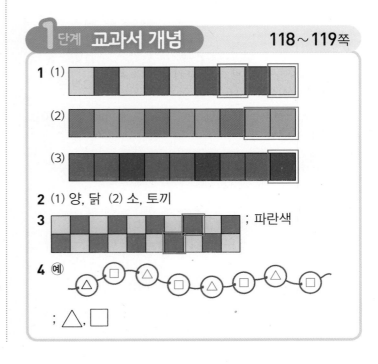

1단계 교과서 개념　118~119쪽

1

2 (1) 양, 닭　(2) 소, 토끼

3 ; 파란색

4 예 △ □ △ □ △ □ △ □
; △, □

1 (1) 노란색─빨간색이 반복되는 규칙이므로 빈칸을 모두 노란색으로 색칠합니다.

(2) 초록색─주황색─주황색이 반복되는 규칙이므로 빈칸을 모두 주황색으로 색칠합니다.

(3) 빨간색─빨간색─파란색이 반복되는 규칙이므로 빈칸은 파란색으로 색칠합니다.

2 3칸마다 선을 긋고 빈칸에 알맞은 동물을 찾습니다.

3 첫째 줄에서 노란색 다음은 파란색이므로 빈칸은 파란색으로 색칠합니다.

둘째 줄에서 노란색 다음은 파란색이므로 빈칸은 파란색으로 색칠합니다.

3 바깥쪽은 모두 빨간색이고 안쪽은 노란색과 파란색이 반복되는 규칙입니다.

4 초록색과 빨간색의 위치를 서로 바꾸어 가며 색칠하는 규칙입니다.

7 노란색─파란색─파란색─빨간색 책이 반복되는 규칙이므로 책꽂이의 빈 곳에 꽂아야 할 책은 빨간색입니다.

9 빨간색─노란색─검은색 옷이 반복되는 규칙입니다. 토요일에 검은색 옷을 입었으므로 일요일에 빨간색 옷을 입었습니다.

10 펼친 손가락 2개와 1개가 반복되는 규칙이므로 빈칸에는 차례로 펼친 손가락 2개, 펼친 손가락 1개가 들어갑니다. ⇨ 2＋1＝3(개)

11 검은색 바둑돌 2개와 흰색 바둑돌 1개가 반복되는 규칙입니다.

2단계 교과서+익힘책 유형 연습 120~121쪽

1 [육면체]에 ○표   **2** [곰]에 ○표

3 [마름모 도형]   **4** [원 4분할]

5 1에 ○표, 2에 ○표

6 파란색, 파란색, 빨간색

7 빨간색

8 예) 빨간색 ─ 초록색 불이 반복되어 켜지는 규칙입니다.

9 빨간색

10 3개

11 (   )(○)

12 예)

○	♡	○	♡	○	♡	○	♡
♡	○	♡	○	♡	○	♡	○

13 예) 3, 4

예) [주사위 눈 그림]

1 [육면체][원기둥][구]이 반복되는 규칙이므로 □ 안에 알맞은 모양은 [육면체]입니다.

2 곰─곰─돼지가 반복되는 규칙이므로 □ 안에 알맞은 동물은 곰입니다.

1단계 교과서 개념 122~123쪽

1 32, 34

2

21	22	23	24	25	26	27	28	29	30
31	32	33	34	35	36	37	38	39	40
41	42	43	44	45	46	47	48	49	50
51	52	53	54	55	56	57	58	59	60

3 (1) 5 (2) 98, 96

4 4

5

31	32	33	34	35	36	37	38	39	40
41	42	43	44	45	46	47	48	49	50
51	52	53	54	55	56	57	58	59	60
61	62	63	64	65	66	67	68	69	70

6 1, 10

1 20부터 시작하여 2씩 커지는 규칙이므로 20, 22, 24, 26, 28, 30, 32, 34입니다.

2 25부터 시작하여 5씩 커지는 수에 색칠하는 규칙입니다.

3 (1) 5와 9가 반복되는 규칙이므로 빈칸에 알맞은 수는 5입니다.

(2) 99부터 시작하여 1씩 작아지는 규칙이므로 99, 98, 97, 96, 95, 94입니다.

4 색칠한 수는 3, 7, 11, 15, 19, 23, 27, 31, 35, 39로 3부터 시작하여 4씩 커지는 규칙입니다.

5 31부터 시작하여 3씩 커지는 수에 색칠하는 규칙입니다.

1단계 교과서 개념   124~125쪽

1 △, ○, ○, △, △

2 5, 5, 0, 5, 5

3 🧑 에 ○표

4 (1) 2, 2, 0, 2 ; 2, 0, 2
(2) ×, ○, ×, ○ ; ×, ○

1 토끼─토끼─강아지─강아지가 반복되는 규칙입니다. 토끼는 ○, 강아지는 △로 나타냈으므로 빈칸에 △, ○, ○, △, △를 그립니다.

2 바위─보─보가 반복되는 규칙입니다. 바위는 0, 보는 5로 나타냈으므로 빈칸에 알맞은 수는 5, 5, 0, 5, 5입니다.

3 🧑, 🧑, 🧑 이 반복되는 규칙입니다.

4 (1) 안경을 쓴 사람, 안경을 쓰지 않은 사람, 안경을 쓴 사람이 반복되는 규칙입니다. 안경에는 안경알이 2개씩 있으므로 2, 0, 2가 반복되는 규칙입니다.
(2) 모자를 쓰지 않은 사람, 모자를 쓴 사람이 반복되는 규칙입니다.

2단계 교과서+익힘책 유형 연습   126~127쪽

1 17, 25
2 31, 21
3 △, □
4 19, 25, 29

5 예) 31부터 시작하여 오른쪽으로 1칸 갈 때마다 1씩 커집니다.

6 예) 7부터 시작하여 아래쪽으로 1칸 갈 때마다 10씩 커집니다.

7 48, 49, 50

8

31	32	33	34	35	36	37	38	39	40
41	42	43	44	45	46	47	48	49	50
51	52	53	54	55	56	57	58	59	60

; 4

9 2, 1, 2, 1
10 51, 54, 57, 60
11 3, 1, 1, 3

12

13 예) 오른쪽으로 1칸 갈 때마다 1씩 커집니다.
아래쪽으로 1칸 갈 때마다 3씩 작아집니다.

1 9부터 시작하여 4씩 커지는 규칙입니다.

2 46부터 시작하여 5씩 작아지는 규칙입니다.

3 축구공─농구공이 반복되는 규칙입니다. 축구공은 △, 농구공은 □로 나타냈으므로 빈칸에 △, □를 차례로 그립니다.

4 17부터 시작하여 2씩 커지는 규칙이므로 17, 19, 21, 23, 25, 27, 29입니다.

5 수 배열표에서 가로로 있는 수는 오른쪽으로 1칸 갈 때마다 1씩 커집니다.

6 수 배열표에서 세로로 있는 수는 아래쪽으로 1칸 갈 때마다 10씩 커집니다.

7 오른쪽으로는 1씩 커지고, 아래쪽으로는 10씩 커지는 규칙에 맞게 수 배열표를 완성합니다.

8 색칠한 수는 32, 36, 40, 44, 48, 52로 32부터 시작하여 4씩 커지는 수에 색칠한 규칙입니다.

9 2, 1이 반복되는 규칙입니다.

10 21부터 시작하여 3씩 커지는 규칙입니다. 따라서 색칠한 칸에 알맞은 수는 51, 54, 57, 60입니다.

11 1, 3, 1이 반복되는 규칙입니다.

12 왼쪽 수 배열은 위쪽으로 1칸 갈 때마다 1씩 커지고 오른쪽으로 1칸 갈 때마다 4씩 커지는 규칙입니다.
오른쪽 수 배열은 아래쪽으로 1칸 갈 때마다 2씩 커지고 오른쪽으로 1칸 갈 때마다 1씩 커지는 규칙입니다.

13 • 왼쪽으로 1칸 갈 때마다 1씩 작아집니다.
• 위쪽으로 1칸 갈 때마다 3씩 커집니다.
• ↘ 방향으로 갈수록 2씩 작아집니다.
• ↙ 방향으로 갈수록 4씩 작아집니다.

3단계 서술형 문제 해결 128~129쪽

1 ❶ 5, 8, 8 ▶3점 ❷ ⌐, ☐, ☐ ▶3점 ; 8, ☐ ▶4점
2 ❶ 4 ▶3점 ❷ 4, 69 ▶3점 ; 69 ▶4점
3 ❶ 2, 2, 2, 2 ▶3점 ❷ 2, 21 ▶3점 ; 21 ▶4점
4 예 ❶ 수 카드에 적힌 수는 3, 3, 9가 반복되는 규칙입니다. ▶3점
❷ 따라서 맨 오른쪽에 놓인 수 카드에 알맞은 수는 3, 3, 9의 두 번째 수인 3입니다. ▶3점
; 3 ▶4점

4

채점 기준		
수 카드를 늘어놓은 규칙을 찾은 경우	3점	
맨 오른쪽에 놓인 수 카드에 알맞은 수를 구한 경우	3점	10점
답을 바르게 쓴 경우	4점	

단원평가 1회 130~131쪽

1 ☐
2 6, 7, 6
3 ○, ☐, ○, ○
4

61	62	63	64	65	66	67	68	69	70
71	72	73	74	75	76	77	78	79	80
81	82	83	84	85	86	87	88	89	90
91	92	93	94	95	96	97	98	99	100

5 예 손잡이의 색깔이 빨간색-노란색-초록색이 반복됩니다.
6 5, 1, 5
7 예

8 11, 16, 21
9

○	△	△	○	△	△

둥	짝	짝	둥	짝	짝

ㅎ	ㄱ	ㄱ	ㅎ	ㄱ	ㄱ

10 ㉡, ㉢

1 ☐ ☐ ○이 반복되는 규칙입니다.

3 빗자루-빗자루-쓰레받기가 반복되는 규칙입니다. 빗자루는 ○로, 쓰레받기는 ☐로 나타냈으므로 빈칸에 ○, ☐, ○, ○를 차례로 그립니다.

4 61, 63, 65, 67, 69, 71, 73, 75이므로 61부터 시작하여 2씩 커지는 수에 색칠하는 규칙입니다.

5 손잡이의 색깔이 빨간색-노란색-초록색이 반복되고 있습니다.

6 500원-100원-500원이 반복되는 규칙입니다. 500원은 5로, 100원은 1로 나타냈으므로 빈칸에 5, 1, 5를 차례로 써넣습니다.

8 수 배열표에서 ┈┈에 있는 수는 오른쪽으로 1칸 갈 때마다 5씩 커집니다. 같은 규칙으로 6부터 시작하여 5씩 커지도록 수를 차례로 쓰면 6, 11, 16, 21입니다.

본책 124~131쪽

정답과 풀이 • **29**

1 9, 7   **2**  에 ○표

3 ◇, ●   **4** 30, 22, 10

5 ⓒ   **6** ○, □, △

7

8 (위에서부터) 30, 36, 38, 42, 46, 48, 54

9 △ ; ⓔ 트라이앵글, 교통 표지판

10 ⓔ 바지를 입은 학생—바지를 입은 학생—치마를 입은 학생의 순서로 서 있습니다. ▶5점

    학생들이 두 손—두 손—한 손을 들고 서 있습니다.
                                    ▶5점

2 ⬛ ● ⬛ 이 반복되는 규칙입니다.

3 ⬛ ◇ ● 이 반복되는 규칙입니다.

4 34부터 시작하여 4씩 작아지는 규칙이므로

    34, <u>30</u>, 26, <u>22</u>, 18, 14, <u>10</u>입니다.

7 첫째 줄과 셋째 줄은 빨간색—노란색이 반복되고, 둘째 줄과 넷째 줄은 초록색—파란색이 반복되는 규칙입니다.

8 색칠한 칸의 수는 ↗ 방향으로 6씩 커지고, ↘ 방향으로 8씩 커지는 규칙입니다.

> **참고**
>
> 주어진 수 배열표에서 가로로 있는 수는 오른쪽으로 1칸 갈 때마다 1씩 커지고, 세로로 있는 수는 아래쪽으로 1칸 갈 때마다 7씩 커집니다. 이 규칙을 이용하여 색칠한 칸에 알맞은 수를 써넣을 수도 있습니다.

9 △ △ ● 가 반복되는 규칙이므로 □ 안에 알맞은 모양은 △입니다. △ 모양의 물건을 찾아 쓰면 정답입니다.

10

채점 기준		
학생들이 서 있는 규칙을 1가지 쓴 경우	5점	10점
학생들이 서 있는 다른 규칙을 1가지 쓴 경우	5점	

1 (위에서부터)

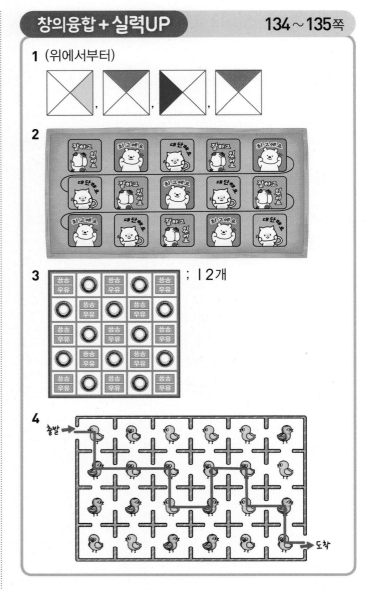

2

3 ; 12개

4

1 빨간색—노란색—파란색—초록색이 반복되고, 색칠된 곳이 시계 방향으로 옮겨지는 규칙입니다.

2 개—곰—고양이 그림 붙임딱지가 반복되는 규칙입니다.

3 우유—빵을 반복하여 담는 규칙입니다.
    따라서 상자에 담을 수 있는 빵은 모두 12개입니다.

6 단원 덧셈과 뺄셈(3)

>> 이런 점에 중점을 두어 지도해요

덧셈과 뺄셈은 가장 기초적인 연산입니다. 이 단원은 2학년 1학기에서 배우는 받아올림이 있는 덧셈과 받아내림이 있는 뺄셈의 기초가 되는 단원입니다. 수의 자리에 맞게 계산해야 하는 것에 중점을 두고 지도합니다.

>> 이런 점이 궁금해요!!

● 한 자리 수의 덧셈은 쉽게 하는데 두 자리 수의 덧셈과 뺄셈은 어려워해요.
두 자리 수의 덧셈과 뺄셈을 어려워한다면 먼저 자릿값을 이해해야 합니다. 두 자리 수 중에서 왼쪽에 있는 수는 10개씩 묶음의 수라는 것을 생각하면서 계산하도록 합니다.

이전에 배운 내용 확인하기   137쪽

1
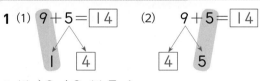

2 (1) 12, 13 (2) 7, 6
3 토끼에 ○표, 4
4 12

3 11-7=4(마리)

4 6+6=12(병)

1단계 교과서 개념   140~141쪽

1 (1) 29 (2) 70
2 13, 14, 15 ; 15
3 (1) 56 (2) 66 (3) 64 (4) 90
4 (1) 60 (2) 65
5 (교차 연결선)

---

2 11에서 4만큼 이어 세어 구합니다.

3 (3) 낱개끼리 더하고, 10개씩 묶음은 그대로 내려 씁니다.
 (4) 10개씩 묶음끼리 더합니다.

4 (2) 3+62 ⇨
```
   62
 +  3
 ────
   65
```

5
```
   20      7      40
 +50    +22    + 8
 ────   ────   ────
   70     29     48
```

1단계 교과서 개념   142~143쪽

1 (1) 3, 5 (2) 6, 3
2 (1) 13, 39 (2) 12, 36
3 (1) 59 (2) 24 (3) 64 (4) 88
4 (1) 23, 38 (2) 24, 35

2 (2) 배는 24개이고, 사과는 12개입니다.
 ⇨ 24+12=36(개)

3 낱개는 낱개끼리 더하고, 10개씩 묶음은 10개씩 묶음끼리 더합니다.

4 (1) (딸기 맛 우유의 수)+(초코 맛 우유의 수)
 =15+23=38(개)
 (2) (왼쪽 달걀의 수)+(오른쪽 달걀의 수)
 =24+11=35(개)

2단계 교과서+익힘책 유형 연습   144~145쪽

1 56
2 (1) 48 (2) 87 (3) 70 (4) 57
3 79
4 32, 33, 34, 35
5 (1) 14, 26 (2) 14, 47
6 (△)( )
7
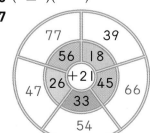

132 ~ 145 쪽

8 예

$$\boxed{30} + \boxed{10} = \boxed{40}$$

$$\boxed{43} + \boxed{14} = \boxed{57}$$

9 85, 54, 55

10 36

11 $14+13=27$ ▶5점 ; 27개 ▶5점

---

1 낱개끼리 더하면 $4+2=6$이고,
10개씩 묶음끼리 더하면 $3+2=5$입니다.
⇨ $34+22=56$

2 (3)
$$\begin{array}{r} 2\,0 \\ +\,5\,0 \\ \hline 7\,0 \end{array}$$
(4)
$$\begin{array}{r} 3\,2 \\ +\,2\,5 \\ \hline 5\,7 \end{array}$$

3
$$\begin{array}{r} 2\,3 \\ +\,5\,6 \\ \hline 7\,9 \end{array}$$
① 낱개: $3+6=9$
② 10개씩 묶음: $2+5=7$
⇨ $23+56=79$

4 어떤 수에 더하는 수가 1씩 커지면 합도 1씩 커집니다.

5 (1) (빨간색 책의 수)+(노란색 책의 수)
$=12+14=26$(권)
(2) (노란색 책의 수)+(초록색 책의 수)
$=14+33=47$(권)

6 $40+30=70$, $10+80=90$
70과 90의 10개씩 묶음의 수를 비교하면 70이 더 작습니다.

7 $18+21=39$이므로
$56+21=77$, $26+21=47$, $33+21=54$,
$45+21=66$입니다.

8 $30+13=43$, $30+14=44$, $30+20=50$,
$12+10=22$, $12+13=25$, $12+14=26$
등 여러 가지 덧셈식을 만들 수 있습니다.

9 ▮ 모양에 적힌 수의 합: $53+32=85$
▮ 모양에 적힌 수의 합: $41+13=54$
● 모양에 적힌 수의 합: $20+35=55$

10 $25+11=36$

1단계 교과서 개념 146~147쪽

1 (1) 44 (2) 30
2 25
3 10
4 (1) 14 (2) 40 (3) 54 (4) 20
5

2 단풍잎 28장과 초록색 나뭇잎 3장을 1장씩 연결하고 연결하지 못하고 남은 단풍잎의 수를 구합니다.
⇨ $28-3=25$

3 구슬이 30개, 야구공이 20개이므로 구슬은 야구공보다 $30-20=10$(개) 더 많습니다.

5
$$\begin{array}{r} 2\,7 \\ -\ \ 5 \\ \hline 2\,2 \end{array}$$
$$\begin{array}{r} 8\,0 \\ -\,3\,0 \\ \hline 5\,0 \end{array}$$
$$\begin{array}{r} 9\,0 \\ -\,8\,0 \\ \hline 1\,0 \end{array}$$

1단계 교과서 개념 148~149쪽

1 (1) 1, 4 (2) 1, 3
2 22
3 15, 12
4 (1) 23 (2) 51 (3) 23 (4) 33
5 (1) 23, 12 (2) 23, 11

2 10개씩 묶음 3개에서 1개를 지우고 낱개 6개에서 4개를 지우면 10개씩 묶음 2개와 낱개 2개가 남습니다.
⇨ $36-14=22$

3 배는 27개, 사과는 15개이므로 배는 사과보다 $27-15=12$(개) 더 많습니다.

4 낱개는 낱개끼리, 10개씩 묶음은 10개씩 묶음끼리 뺍니다.

5 (1) (금붕어의 수)-(열대어의 수)
$=35-23=12$(마리)
(2) (열대어의 수)-(건진 열대어의 수)
$=$(남은 열대어의 수)
⇨ $23-12=11$(마리)

1 (1) 81 (2) 16 (3) 50 (4) 41

2

3 (위에서부터) 17, 32, 26

4 51, 51, 51, 51　　　**5** (○)
　　　　　　　　　　　　　( )
　　　　　　　　　　　　　( )

6 (위에서부터) 85, 30, 55

7 (1) 13, 14 (2) 27, 21

8 73　　　　　　　**9** 70, 30

10 11　　　　　　**11** 27

12 26−14=12 ▶5점 ; 12번 ▶5점

---

1 (2)

$$\begin{array}{r} 6\ 8 \\ -\ 5\ 2 \\ \hline 6 \end{array} \Rightarrow \begin{array}{r} 6\ 8 \\ -\ 5\ 2 \\ \hline 1\ 6 \end{array}$$

(4) 75−34 ⇒

$$\begin{array}{r} 7\ 5 \\ -\ 3\ 4 \\ \hline 4\ 1 \end{array}$$

2
26−6=20　　20−10=10
17−3=14　　19−5=14
50−40=10　　70−50=20

3

79	56	23
47	30	㉠
㉡	㉢	

㉠ 47−30=17
㉡ 79−47=32
㉢ 56−30=26

4 [참고]

빼지는 수와 빼는 수가 각각 1씩 커지면 두 수의 차는 모두 같습니다.

5 34−3=31

6 96−11=85, 57−27=30, 85−30=55

---

7 (1) (동화책의 수)−(만화책의 수)=27−13=14(권)
　　(2) (동화책의 수)−(빌려간 동화책의 수)
　　　　=(남는 동화책의 수)
　　　　⇨ 27−6=21(권)

8 가장 큰 수: 98, 가장 작은 수: 25
　　⇨ 98−25=73

9 40−30=10, 50−30=20, 50−40=10,
60−30=30, 60−40=20, 60−50=10,
70−30=40, 70−40=30, 70−50=20,
70−60=10

10

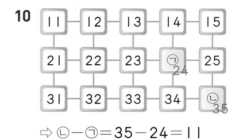

⇨ ㉡−㉠=35−24=11

11 48−21=27

---

1 ❶ 38, 36 ▶3점
　　❷ 36, 21 ▶3점
　　; 21 ▶4점

2 ❶ 24, 12 ▶3점
　　❷ 12, 48 ▶3점
　　; 48 ▶4점

3 ❶ 18 ▶2점
　　❷ 12, 15 ▶2점
　　❸ 기차 ▶2점
　　; 기차 ▶4점

4 예 ❶ 울타리 안에 남아 있는 양은
　　　　18−5=13(마리)입니다. ▶2점
　　❷ 울타리 안에 남아 있는 젖소는
　　　　24−14=10(마리)입니다. ▶2점
　　❸ 따라서 13>10이므로 울타리 안에 더 많이 남아 있는 동물은 양입니다. ▶2점
　　; 양 ▶4점

본책 145~153쪽

4

채점 기준		
울타리 안에 남아 있는 양의 수를 구한 경우	2점	
울타리 안에 남아 있는 젖소의 수를 구한 경우	2점	10점
울타리 안에 더 많이 남아 있는 동물을 찾은 경우	2점	
답을 바르게 쓴 경우	4점	

5 $37+52=89$, $66+20=86$, $45+52=97$
따라서 계산 결과가 가장 큰 것은 $45+52$입니다.

6 (사과의 수)-(귤의 수)
$=79-24=55$(개)

7 ・젖소와 양이 모두 몇 마리인지 구하는 덧셈식을 만들 수 있습니다.
　　⇨ $15+4=19$ 또는 $4+15=19$
・젖소가 양보다 몇 마리 더 많은지 구하는 뺄셈식을 만들 수 있습니다.
　　⇨ $15-4=11$
・전체에서 젖소의 수를 빼어 양의 수를 구하는 뺄셈식을 만들 수 있습니다.
　　⇨ $19-15=4$
・전체에서 양의 수를 빼어 젖소의 수를 구하는 뺄셈식을 만들 수 있습니다.
　　⇨ $19-4=15$

8 $30+30=60$(개)

9 가장 큰 수는 65, 가장 작은 수는 34입니다.
　　⇨ 합: $65+34=99$
　　　차: $65-34=31$

10 주의

위인전의 수만 구하는 것이 아니라 동화책과 위인전의 수의 합을 구해야 합니다.

채점 기준		
위인전의 수를 구한 경우	3점	
동화책과 위인전의 수의 합을 구한 경우	3점	10점
답을 바르게 쓴 경우	4점	

단원평가 ① 회　　154~155쪽

1 34　　　　　　**2** (1) 32 (2) 66
3 28, 23　　　　**4** 97, 31
5 (　) (　)
　　(◯)
6 55개
7 $\boxed{15}+\boxed{4}=\boxed{19}$ (또는 $4+15=19$)
　　$\boxed{15}-\boxed{4}=\boxed{11}$
　　(또는 $19-15=4$, $19-4=15$)
8 60개
9 99, 31
10 예 동화책이 46권이므로 위인전은
　　$46-23=23$(권)입니다. ▶3점
　　따라서 동석이네 집에 있는 동화책과 위인전은 모두 $46+23=69$(권)입니다. ▶3점
　　; 69권 ▶4점

1 10개씩 묶음 3개와 낱개 4개이므로 $30+4=34$입니다.

2 (1)
$$\begin{array}{r} 7\,2 \\ -\,4\,0 \\ \hline 2 \end{array} \Rightarrow \begin{array}{r} 7\,2 \\ -\,4\,0 \\ \hline 3\,2 \end{array}$$

(2) $61+5 \Rightarrow$
$$\begin{array}{r} 6\,1 \\ +\quad 5 \\ \hline 6\,6 \end{array}$$

3 $20+8=28$, $28-5=23$

4 합: $33+64=97$
　　차: $64-33=31$

1 30   **2** (1) 74 (2) 53

3 59

4 (선 잇기)

5 <

6 $\boxed{10}+\boxed{30}=40$ (또는 30+10=40)

7 60−10=50▶5점 ; 50장▶5점

8 $\boxed{25}-\boxed{4}=\boxed{21}$; $\boxed{25}-\boxed{14}=\boxed{11}$

    (또는 14−4=10)

9 34, 13, 26

10 예 과일 가게에 있는 바나나는 47−15=32(개)입
     니다.▶3점

     따라서 사과와 바나나는 모두 47+32=79(개)

     입니다.▶3점

     ; 79개▶4점

---

1 10개씩 묶음 5개에서 10개씩 묶음 2개를 덜어 내면
    10개씩 묶음 3개가 남습니다.

    ⇨ 50−20=30

3 □는 35와 24를 더한 값입니다.

    ⇨ 35+24=59

4 36+42=78, 8+50=58, 10+40=50,
    68−10=58, 99−21=78, 53−3=50

5 86−34=52, 13+41=54

    ⇨ 52<54

6 10+20=30, <u>10+30=40</u>, 10+40=50,
    10+50=60, 20+30=50, 20+40=60,
    20+50=70, 30+40=70, 30+50=80,
    40+50=90

7 칭찬 쿠폰 60장 중 10장을 사용하였으므로 60에서
    10을 빼야 합니다. 따라서 남은 칭찬 쿠폰은
    60−10=50(장)입니다.

8 여러 가지 뺄셈식을 만들 수 있습니다.
    흰동가리의 수에서 비단잉어의 수를 빼면 흰동가리는 비
    단잉어보다 14−4=10(마리) 더 많습니다.

9 ・11+23=34이므로 ✿는 34입니다.

    ・✿−21=⬡

    ⇨ 34−21=13이므로 ⬡는 13입니다.

    ・⬡+⬡=✿

    ⇨ 13+13=26이므로 ✿는 26입니다.

10

채점 기준		
바나나의 수를 구한 경우	3점	
사과와 바나나가 모두 몇 개인지 구한 경우	3점	10점
답을 바르게 쓴 경우	4점	

1

2
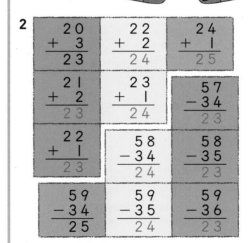

3
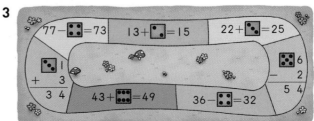

4 (1) 56개, 74개

    (2) 백군의 바구니에 트로피 붙임딱지를 붙입니다.

본책 154~159쪽

1 ・23+20=43

・55−20=35

・36+13=49

・4+2=6이므로 40+20=60입니다.

・6−2=4이므로 60−20=40입니다.

・2+2=4이므로 20+20=40입니다.

2 **참고**

> 합이 같은 식을 비교하면 ■▲+●에서 ▲가 1 커지면 ●가 1 작아지는 것을 알 수 있습니다.
> 차가 같은 식을 비교하면 ■▲−●★에서 ▲가 1 커지면 ★도 1 커지는 것을 알 수 있습니다.

3 ・77에서 4를 빼면 73입니다.

　⇨ 77−4=73

・13에 2를 더하면 15입니다.

　⇨ 13+2=15

・22에 3을 더하면 25입니다.

　⇨ 22+3=25

・43에 6을 더하면 49입니다.

　⇨ 43+6=49

・36에서 4를 빼면 32입니다.

　⇨ 36−4=32

・$\begin{array}{r} \boxed{3}\;1 \\ +\quad 3 \\ \hline 3\;4 \end{array}$　・$\begin{array}{r} \boxed{5}\;6 \\ -\quad 2 \\ \hline 5\;4 \end{array}$

4 (1) (청군이 모은 콩 주머니 수)

＝(파란색 콩 주머니 수)＋(흰색 콩 주머니 수)

＝21+35=56(개)

(백군이 모은 콩 주머니 수)

＝(파란색 콩 주머니 수)＋(흰색 콩 주머니 수)

＝32+42=74(개)

(2) 56<74이므로 이긴 팀은 백군입니다.

우등생 세미나　160쪽

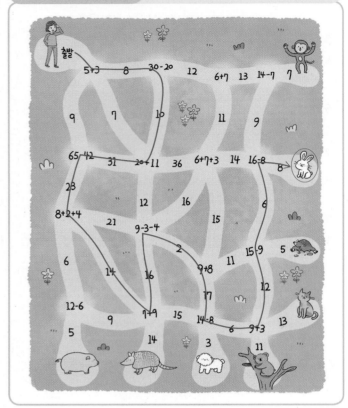

5+3=8, 30−20=10, 20+11=31,

65−42=23, 8+2+4=14, 7+9=16,

9−3−4=2, 9+8=17, 14−8=6,

9+3=12, 15−9=6, 16−8=8

1 단원 **100까지의 수**

사고력 평가
2~4쪽

1~6

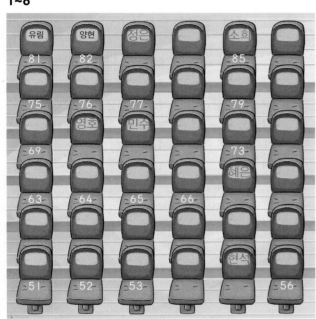

7
2 →
4 → 24
5 → 25
8 → 28
9 → 29

8
4 →
2 → 42
5 → 45
8 → 48
9 → 49

9
5 →
2 → 52
4 → 54
8 → 58
9 → 59

10
8 →
2 → 82
4 → 84
5 → 85
9 → 89

11
9 →
2 → 92
4 → 94
5 → 95
8 → 98

12 20

13

14

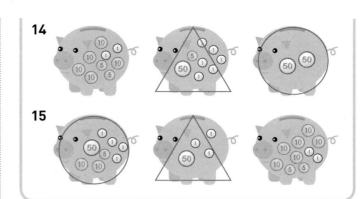

15

3 84보다 1만큼 더 작은 수는 83입니다.

4 83보다 큰 홀수는 85, 87, ...인데 좌석에서 찾아보면 85입니다.

5 53과 57 사이에 있는 홀수는 55입니다.

6 10개씩 묶음이 7개인 수는 70입니다.

13 59원, 86원, 44원 ⇨ 86원>59원>44원

14 62원, 61원, 100원 ⇨ 100원>62원>61원

15 79원, 53원, 72원 ⇨ 79원>72원>53원

실력➕서술형 문제
5~6쪽

1 6개   **2** 구십구, 아흔아홉
3 81, 80, 79, 77, 76
4 74에 ○표   **5** ㉠, ㉢, ㉡
6 ㉡   **7** 98
8 ㈎ 10장씩 묶음 7개와 낱개 6장은 76장이므로 소영이는 색종이를 76장 가지고 있고, ▶2점 10장씩 묶음 8개와 낱개 4장은 84장이므로 고은이는 색종이를 84장 가지고 있습니다. ▶2점
따라서 76<84이므로 고은이가 색종이를 더 많이 가지고 있습니다. ▶2점
; 고은 ▶4점
9 희수, 세민, 남주
10 ㈎ 65보다 크고 72보다 작은 수는 66, 67, 68, 69, 70, 71입니다. ▶2점 이 중 10개씩 묶음의 수가 낱개의 수보다 큰 수는 70, 71입니다. ▶2점
70과 71 중에서 짝수는 70입니다. ▶2점
; 70 ▶4점

2 낱개의 수가 1씩 커지므로 98 다음의 수는 99입니다. 99를 두 가지 방법으로 읽으면 구십구 또는 아흔아홉입니다.

3 수의 순서를 거꾸로 세는 것이므로 1씩 작아지도록 씁니다.
82보다 1만큼 더 작은 수: 81,
81보다 1만큼 더 작은 수: 80,
80보다 1만큼 더 작은 수: 79,
78보다 1만큼 더 작은 수: 77,
77보다 1만큼 더 작은 수: 76

4 73보다 1만큼 더 큰 수는 74입니다.

5 ㉠ 82 ㉡ 76 ㉢ 78

6 ㉡ 90보다 1만큼 더 큰 수는 91입니다.

7 태민이가 이긴 것이므로 태민이가 만든 수는 세진이가 만든 수인 94보다 더 큰 수입니다.
주어진 수로 만들 수 있는 몇십몇을 큰 수부터 차례로 쓰면 98, 94, 92, 89, ...입니다. 이 중 94보다 큰 수는 98이므로 태민이가 만든 수는 98입니다.

8

채점 기준		
소영이가 가지고 있는 색종이의 수를 구한 경우	2점	
고은이가 가지고 있는 색종이의 수를 구한 경우	2점	10점
누가 색종이를 더 많이 가지고 있는지 구한 경우	2점	
답을 바르게 쓴 경우	4점	

9 선생님이 뽑은 64보다 큰 수를 뽑은 사람은 75, 98, 92를 뽑은 희수, 세민, 남주입니다.
57, 63은 64보다 작으므로 초희와 보라는 초콜릿을 받을 수 없습니다.

10

채점 기준		
65보다 크고 72보다 작은 수를 구한 경우	2점	
주어진 범위에서 10개씩 묶음의 수가 낱개의 수보다 큰 수를 구한 경우	2점	10점
설명하는 수를 바르게 구한 경우	2점	
답을 바르게 쓴 경우	4점	

2단원 **덧셈과 뺄셈 (1)**

사고력 평가 7~9쪽

1 3, 1	**2** 2, 2
3 4, 1	
4 3, 2, 4, 9(3, 2, 4의 순서가 바뀌어도 정답입니다.)	
; 1, 2, 1, 4(1, 2, 1의 순서가 바뀌어도 정답입니다.)	
5 10	**6** 9
7 6	**8** 2
9 3	**10** 4
11 5	**12** 10, 2, 8
13 10, 7, 3	**14** 10, 4, 6
15 10, 10, 0	**16** 10, 1, 9
17 10, 3, 7	**18** 10, 6, 4

1 사람 발자국은 2개씩 3쌍이므로 3명이고, 강아지 발자국은 4개씩 1쌍이므로 1마리입니다.

2 사람 발자국은 2개씩 2쌍이므로 2명이고, 강아지 발자국은 4개씩 2쌍이므로 2마리입니다.

3 사람 발자국은 2개씩 4쌍이므로 4명이고, 강아지 발자국은 4개씩 1쌍이므로 1마리입니다.

4 학생은 3+2+4=9(명)이고,
강아지는 1+2+1=4(마리)입니다.

11 펼친 손가락이 5개이므로 접고 있는 손가락은 10-5=5(개)입니다.

12 펼친 손가락이 2개이므로 접고 있는 손가락은 10-2=8(개)입니다.

13 펼친 손가락이 7개이므로 접고 있는 손가락은 10-7=3(개)입니다.

14 펼친 손가락이 4개이므로 접고 있는 손가락은 10-4=6(개)입니다.

15 펼친 손가락이 10개이므로 접고 있는 손가락은 10-10=0(개)입니다.

1 2　　　　　　　　**2** 14
3 ㉢, ㉠, ㉣, ㉡　　**4** (1) 7, 15　(2) 6, 18
5

6 18마리
7 예 9−2−4=7−4=3이므로 □는 3보다 작은 수입니다. ▶3점
　　1부터 9까지의 수 중에서 3보다 작은 수는 1과 2이므로 □ 안에 들어갈 수 있는 수는 모두 2개입니다. ▶3점
　　; 2개 ▶4점
8 2　　　　　　　　　**9** 8, 1
10 15권　　　　　　　**11** 영호
12 13
13 예 사용하고 남은 색종이는 10−3=7(장)이고 ▶3점
　　7장에서 몇 장을 주었더니 2장이 남았으므로 친구에게 준 색종이의 수는 7−2=5(장)입니다. ▶3점
　　; 5장 ▶4점

3 ㉠ 8+2+3=13　㉡ 5+5+5=15
　　㉢ 2+9+1=12　㉣ 4+3+7=14
　　⇨ ㉢ 12 < ㉠ 13 < ㉣ 14 < ㉡ 15

4 (1) 3과 더해서 10이 되는 수는 7입니다.
　　(2) 4와 더해서 10이 되는 수는 6입니다.

5 5+5+3=10+3=13
　　7+3+1=10+1=11
　　2+4+6=2+10=12

6 8+7+3=8+10=18(마리)

7
채점 기준		
9−2−4를 계산하여 □는 3보다 작은 수라고 쓴 경우	3점	
□ 안에 들어갈 수 있는 수는 모두 몇 개인지 구한 경우	3점	10점
답을 바르게 구한 경우	4점	

8 어떤 수를 □라 하면 □+4=10에서 □=6이므로 어떤 수는 6입니다. 따라서 바르게 계산하면 6−4=2입니다.

9 맨 앞의 수에서 3과 어떤 수를 차례로 빼서 4가 되려면 맨 앞의 수에서 3을 뺀 수는 4보다 커야 합니다. 따라서 □−3은 4보다 커야 하므로 □ 안에는 8이 들어가야 합니다.
　　8−3−△=5−△=4에서 △=1입니다.

10 (화평이가 읽은 동화책의 수)=10−5=5(권)
　　(두 사람이 읽은 동화책의 수)=10+5=15(권)

11 민수: 6+7+4=17(마리)
　　영호: 8+1+9=18(마리)
　　⇨ 17<18이므로 영호가 더 많이 접었습니다.

12 2+8=■ ⇨ ■=10
　　■−4=10−4=6 ⇨ ●=6
　　●+4+3=6+4+3=13 ⇨ ◆=13

13
채점 기준		
사용하고 남은 색종이의 수를 구한 경우	3점	
친구에게 준 색종이의 수를 구한 경우	3점	10점
답을 바르게 쓴 경우	4점	

③ 단원　**모양과 시각**

사고력 평가　　12~14쪽

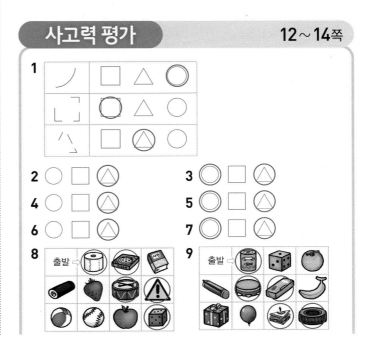

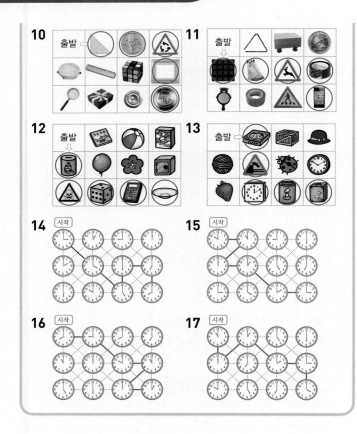

실력⊕서술형 문제   15~16쪽

1

(사각형, 삼각형, 원 도형)

2

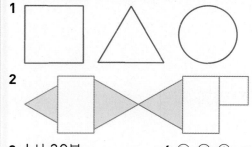

3 1시 30분   **4** ⓛ, ⓗ, ⓢ

5 ⓖ, ⓔ, ⓩ   **6** 예 삼각자

7 4개

8 예 두 모양을 보면 공통으로 사용한 모양은 ◯ 모양입니다. ▶3점

원쪽은 ◯ 모양을 3개 사용했고 오른쪽은 ◯ 모양을 2개 사용했으므로 모두 3+2=5(개) 사용했습니다. ▶3점

; ◯ 모양, 5개 ▶4점

9 8시 30분

10 예 가는 9시 30분, 나는 4시 30분, 다는 2시, 라는 7시에 일어난 일입니다. ▶3점

따라서 일이 일어난 순서에 맞게 차례대로 기호를 쓰면 다, 나, 라, 가입니다. ▶3점

; 다, 나, 라, 가 ▶4점

---

1 ▢ 모양은 뾰족한 부분과 곧은 선이 각각 4개씩 있도록 그립니다.

△ 모양은 뾰족한 부분과 곧은 선이 각각 3개씩 있도록 그립니다.

◯ 모양은 뾰족한 부분 없이 둥글게 그립니다.

2 △ 모양은 3개입니다.

3 거울에 비친 시계의 모습은 시계의 왼쪽과 오른쪽이 서로 바뀐 모습과 같습니다. 짧은바늘이 1과 2의 가운데, 긴바늘이 6을 가리키므로 1시 30분입니다.

4 뾰족한 부분이 4군데 있는 모양은 ▢ 모양입니다.

6 설명하는 모양은 △ 모양입니다.

7 오렸을 때 나오는 모양은 다음 그림과 같습니다.

따라서 뾰족한 부분이 3군데 있는 △ 모양이 4개 생깁니다.

8

채점 기준		
공통으로 사용한 모양을 바르게 찾은 경우	3점	
공통으로 사용한 모양의 수를 바르게 구한 경우	3점	10점
답을 바르게 쓴 경우	4점	

9 7시와 9시 사이이면서 8시보다 늦은 시각은 8시와 9시 사이이고, 긴바늘이 6을 가리키므로 8시 30분입니다.

10

채점 기준		
가, 나, 다, 라의 시각을 모두 구한 경우	3점	
일이 일어난 순서에 맞게 차례대로 기호를 쓴 경우	3점	10점
답을 바르게 쓴 경우	4점	

사고력 평가

17~19쪽

1 $7+8=15$ 또는 $7+9=16$

2 $14-8=6$

3 $8+5=13$

4 $9+9=18$

5 $16-9=7$

6 $15-7=8$ 또는 $16-7=9$

7 $9+8=17$

8 $16-8=8$

9 12

10 15

11 15

12 14

13 17

14 13

15
출발 → 6 ⟨8 +9 = 17⟩ 11 → 6 ⟨15 − 4 = 9⟩ 13 → 6 ⟨7 +6 = 13⟩

16
출발 → 7 ⟨7 +5 = 12⟩ 5 → 4 ⟨13 − 8 = 5⟩ 15 → 9 ⟨6 +4 = 10⟩

17
출발 → 6 ⟨3 +7 = 10⟩ 4 → 5 ⟨13 − 8 = 8⟩ 16 → 7 ⟨9 +2 = 11⟩

18
출발 → 4 ⟨9 +3 = 12⟩ 8 → 6 ⟨14 − 6 = 8⟩ 15 → 9 ⟨6 +8 = 14⟩

---

1 9를 8로 바꾸어 $7+8=15$가 되도록 하거나,
   15를 16으로 바꾸어 $7+9=16$이 되도록 합니다.

2 5를 6으로 바꾸어 $14-8=6$이 되도록 합니다.

3 0을 8로 바꾸어 $8+5=13$이 되도록 합니다.

실력⊕서술형 문제

20~21쪽

1 15, 9

2 (○) (　)
　(　) (○)

3 ㉡, ㉢, ㉠, ㉣

4
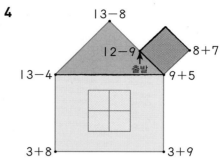

5 5, 비; 8, 빔 ; 4, 밥

6 9

7 3

8 7, 8, 15 (또는 8, 7, 15)

9 $14-8=6$ ▶5점 ; 6장 ▶5점

10 9

11 3마리

12 ⓐ 지난주와 이번 주에 마신 우유는 $5+7=12$(병)
   입니다. ▶3점
   따라서 다음 주에 마시게 될 우유는 $12-6=6$(병)
   입니다. ▶3점
   ; 6병 ▶4점

---

1 $7+8=15$, $15-6=9$

2 $8+5=13$, $6+6=12$,
   $7+5=12$, $9+4=13$
   따라서 합이 13인 덧셈은 $8+5$, $9+4$입니다.

3 ㉠ $6+7=13$
   ㉡ $8+9=17$
   ㉢ $7+8=15$
   ㉣ $6+6=12$
   따라서 $17>15>13>12$이므로 계산 결과가 큰 것
   부터 차례로 기호를 쓰면 ㉡, ㉢, ㉠, ㉣입니다.

4 덧셈과 뺄셈을 하여 계산 결과를 비교한 후 결과가 작은
   것부터 차례로 이어 그림을 완성합니다.

5 $12-7=10-5=5$(비)
$\quad\quad\;\; 2\;\; 5$

$16-8=10-2=8$(빔)
$\quad\quad\;\; 6\;\; 2$

$13-9=10-6=4$(밥)
$\quad\quad\;\; 3\;\; 6$

6 3씩 커지는 규칙으로 놓여 있습니다.
㉠: $6+3=9$, ㉡: $15+3=18$
⇨ $18-9=9$

7 $6+7=13$이므로 $13>9+\square$입니다.
$13-9=4$이므로 $\square$ 안에 들어갈 수 있는 수는 4보다
작은 3, 2, 1입니다.
따라서 $\square$ 안에 들어갈 수 있는 가장 큰 수는 3입니다.

8 가장 큰 수인 8과 두 번째로 큰 수인 7을 더합니다.

10 $11-5=6$이므로 $14-\square$는 6보다 작아야 합니다.
$14-8=6$이므로 나머지 한 장의 카드에 적힌 수는 8
보다 커야 합니다.
따라서 지혜의 카드 빈칸에 적힌 수는 8보다 큰 9입니
다.

11 강아지 한 마리의 다리는 4개이므로 강아지 2마리의
다리는 $4+4=8$(개)이고, 마당에 있는 닭의 다리는
$14-8=6$(개)입니다. 닭 한 마리의 다리는 2개이고
$2+2+2=6$이므로 닭은 3마리입니다.

12

채점 기준		
지난주와 이번 주에 마신 우유의 수를 구한 경우	3점	
다음 주에 마시게 될 우유의 수를 구한 경우	3점	10점
답을 바르게 쓴 경우	4점	

---

5 단원 **규칙 찾기**

사고력 평가 22~24쪽

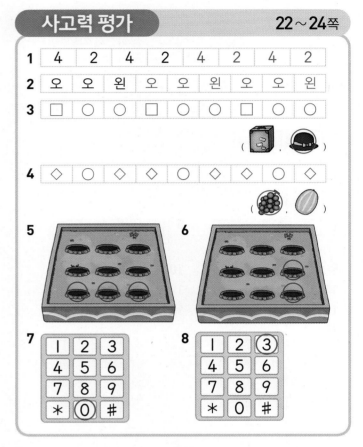

2 오른쪽을 향한 벌―오른쪽을 향한 벌―왼쪽을 향한 벌
을 오 오 왼으로 나타내었습니다.

3 가방―모자―모자를 $\square\,\bigcirc\,\bigcirc$로 나타내었습니다.

4 포도―참외―포도를 $\diamondsuit\,\bigcirc\,\diamondsuit$로 나타내었습니다.

5 두더지 3마리가 한 칸씩 아래로 이동하여 나오는 규칙
입니다. 맨 아래 다음에는 맨 위로 이동하여 나옵니다.

6 두더지 2마리가 오른쪽으로 한 칸씩 이동하여 나오는
규칙입니다. 오른쪽 끝 다음에는 한 칸 아래 맨 왼쪽으로
이동하여 나옵니다.

7 $9\to0\to8\to0\to7\to0\to6\to0$
홀수 번째 수는 1씩 작아지고, 짝수 번째 수는 0입니다.

8 한 칸씩 위로 올라가며 가장 왼쪽과 가장 오른쪽의 숫자
또는 기호를 번갈아 가며 누르는 규칙입니다.

실력➕서술형 문제   25~26쪽

1 노란색

2 ○ △ □ ○ △ □ ○ △

3 > < <

4 3, 3

5 예 13부터 시작하여 10씩 커집니다.

6 예 18부터 시작하여 7씩 커집니다.

7 예 수가 ↓ 방향으로 5씩 커지는 규칙입니다. ▶3점
따라서 ♣에는 29보다 5만큼 큰 수인 34가 들어갑니다. ▶3점
; 34 ▶4점

8 ㉡

9 65

10 예 29부터 시작하여 2씩 커집니다.

11 예 73부터 2씩 커지는 규칙으로 수를 쓰면 73, 75, 77, 79입니다. ▶3점
따라서 ㉠은 79입니다. ▶3점
; 79 ▶4점

5 노란색으로 색칠한 수는 13, 23, 33, 43이므로 13부터 10씩 커지는 규칙이 있습니다.

6 하늘색으로 색칠한 수는 18, 25, 32, 39, 46이므로 18부터 시작하여 7씩 커지는 규칙이 있습니다.

7

채점 기준		
수가 커지는 규칙을 찾은 경우	3점	
♣에 알맞은 수를 구한 경우	3점	10점
답을 바르게 쓴 경우	4점	

8 ㉠ 40 ㉡ 47 ㉢ 53 ㉣ 69이므로 낱개의 수를 비교하면 9>7>3>0입니다. 따라서 낱개의 수가 두 번째로 큰 수는 ㉡ 47입니다.

9 아래쪽으로 1칸 갈 때마다 7씩 커지는 규칙입니다. 따라서 ♥에 알맞은 수는 58보다 7만큼 더 큰 수인 65입니다.

11

채점 기준		
73부터 2씩 커지는 수를 알아본 경우	3점	
㉠에 알맞은 수를 구한 경우	3점	10점
답을 바르게 쓴 경우	4점	

6단원 덧셈과 뺄셈 (3)

사고력 평가   27~29쪽

1 75 **2** 47
3 69 **4** 68
5 88 **6** 79

7
```
27 23  4  21 38 80
14 13 62 84 20 76
12 59 26 33 12 20
 9 65 73 31 32 20
15 45 54 81 10 71
26 21 12 36 11 24
```
(59 26 33 circled, 81 10 71 circled)

8
```
33 21 24 12 12 97
12 10  2 50 40 38
37 29 69 34 38 25
35 14 37 22 12 11
11 16 23 48 20 21
88 74 15 75 12 63
```
(24 12 12 circled, 12 10 2 circled, 75 12 63 circled)

9
```
89 35 81 30 45 37
42 24 13 11 26 20
46 15 35 24 13 12
88 74 22 19 17  2
32 21 10 11 14 24
15 39 17 38 23 13
```
(24 13 11 circled, 19 17 2 circled, 21 10 11 circled)

10
```
56 45 14 31 86 25
46 26  8 16 90 61
39  9 20 72 51 37
12 89 37 52 30 28
46 16 39 18 20  6
76 25 51 10 11 90
```
(45 14 31 circled, 89 37 52 circled, 76 25 51 circled)

11
```
36 54 79 62 22 45
27 33 57 32 25
 8 21 46 32 31 10
29 13  3 10 16 14
11 86 44 20 10 22
14 50 84 53 31 12
```
(57 32 25 circled, 13 3 10 circled, 84 53 31 circled)

12
```
37 83 22 60 20 40
33 74  3 77 16 49
36 12 24 98 27 31
16 54 43 12 55 19
21 48 17  3 14 30
19 10  8  4 40 73
```
(60 20 40 circled, 36 12 24 circled, 17 3 14 circled)

13   14 12 / 26 2
14   64 32 / 96 32
15   28 11 / 39 17

16   77 22 / 99 55
17   65 13 / 78 52
18   57 20 / 77 37

19   35 13 / 48 22
20   85 4 / 89 81
21   48 11 / 59 37

22   63 22 / 85 41
23   58 41 / 99 17
24   75 14 / 89 61

7 59−26=33, 81−10=71

8 24−12=12, 12−10=2, 75−12=63

9 24−13=11, 19−17=2, 21−10=11

10 $45-14=31$, $89-37=52$, $76-25=51$

11 $57-32=25$, $13-3=10$, $84-53=31$

12 $60-20=40$, $36-12=24$, $17-3=14$

13 색칠한 곳에 쓰인 두 수의 합을 아래의 왼쪽에, 차를 아래의 오른쪽에 써넣은 규칙입니다.

실력⊕서술형 문제   30~31쪽

1 87, 61   **2** <
3 ⑤   **4** 7
5 (1) 83 (2) 75   **6** 빨간색 구슬, 4개
7 23   **8** 78, 43
9 예 민지는 $42+4=46$(쪽) 읽었으므로 ▶3점
　　현수와 민지가 읽은 동화책은 모두
　　$42+46=88$(쪽)입니다. ▶3점
　　; 88쪽 ▶4점
10 예 만들 수 있는 가장 큰 수는 98이고, 가장 작은 수는 25입니다. ▶3점
　　따라서 두 수의 차는 $98-25=73$입니다. ▶3점
　　; 73 ▶4점
11 32장   **12** 4개

---

1 합: $74+13=87$
　차: $74-13=61$

2 $50+42=92$, $32+61=93$
　⇨ $92<93$

3 ① $80-20=60$　　② $20+40=60$
　③ $70-10=60$　　④ $30+30=60$
　⑤ $90-40=50$

4 $\square-4=3 ⇨ 3+4=\square$, $\square=7$

5 보기의 규칙은 ⬭ $+12=$ ◇입니다.
　(1) ⑦① $+12=$ ⟨83⟩
　(2) ⑥③ $+12=$ ⟨75⟩

6 빨간색 구슬: 38개, 파란색 구슬: 34개
　$38>34$이므로 빨간색 구슬을 $38-34=4$(개) 더 많이 모았습니다.

---

7 ●=24이므로 $24+24=$ ▲, ▲$=48$입니다.
　▲$=48$이므로 ▲$-25=48-25=23$,
　★$=23$입니다.

8 낱개의 수끼리의 차가 5인 $49-24$와 $78-43$을 계산하면 $49-24=25$, $78-43=35$이므로 차가 35가 되는 두 수는 43과 78입니다.

9 주의
민지가 읽은 동화책의 쪽수를 구하는 것이 아니라 현수와 민지가 읽은 동화책의 쪽수의 합을 구해야 합니다.

채점 기준		
민지가 읽은 동화책의 쪽수를 구한 경우	3점	
현수와 민지가 읽은 동화책의 쪽수의 합을 구한 경우	3점	10점
답을 바르게 쓴 경우	4점	

10

채점 기준		
가장 큰 수와 가장 작은 수를 만든 경우	3점	
두 수의 차를 구한 경우	3점	10점
답을 바르게 쓴 경우	4점	

11 (사용하고 남은 색종이 수)$=15-12=3$(장)
　친구에게 받은 색종이 수를 $\square$장이라 하면
　$3+\square=35$, $35-3=\square$, $\square=32$입니다.
　따라서 친구에게 받은 색종이는 32장입니다.

　참고
3에 어떤 수를 더하여 35가 되려면 35에서 3을 빼면 됩니다.

12 $\square$ 안에 9부터 1까지의 수를 차례로 넣어 계산해 봅니다.
　$95-31=64$, $85-31=54$, $75-31=44$,
　$65-31=34$, $55-31=24$, ...
　계산한 값이 29보다 큰 경우는 $\square$ 안에 9, 8, 7, 6이 들어갈 때이므로 $\square$ 안에 들어갈 수 있는 수는 모두 4개입니다.

우등생 세미나   32쪽

❶ 6　❷ 4　❸ 30　❹ 5　❺ 30

정답은
이안에
있어!

여러 가지 모양 정답

여러 가지 모양

붙임딱지를 붙여 왼쪽 모양과 같은 모양이 되도록 만들어 보세요.

정답은 꼼꼼 풀이집 맨 뒷면에 있어요.

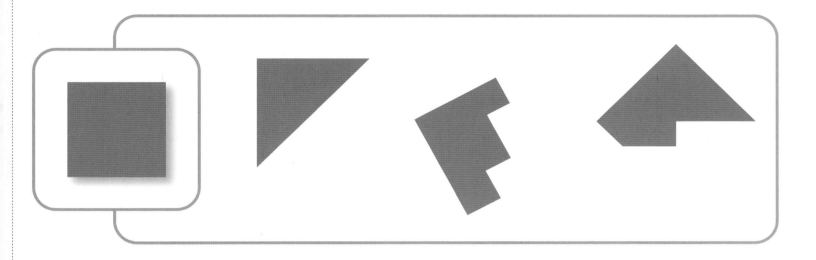

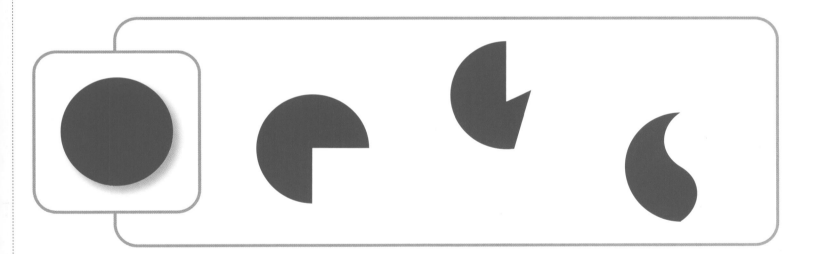

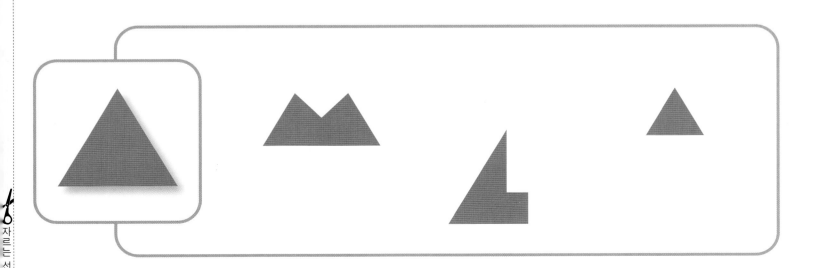

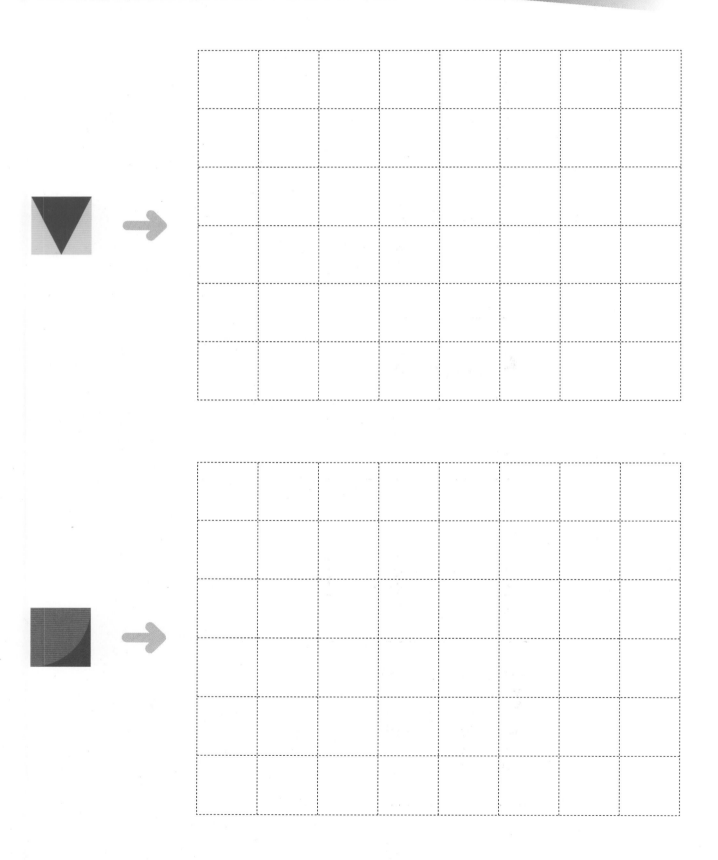